高等学校新工科计算机类专业系列教材

Linux 系统操作与维护

—— 基于 UOS Server

主　编　韩　梅　王锐铭

副主编　范　凯　秦　冰

西安电子科技大学出版社

内 容 简 介

本书基于最新的统信 UOS 服务器版介绍 Linux 操作系统及其维护,所介绍的内容也适用于 openEuler (华为欧拉)、AnolisOS(阿里龙蜥)、CentOS、Alma Linux、Rocky Linux、Oracle Linux 等其他 Linux 发行版套件。全书共 9 章,主要内容包括 Linux 简介,统信 UOS 的部署,Linux 基本命令,用户概述、文件权限与文本编辑,文件处理、重定向与操作符,Linux 软件包管理,Linux 进程管理与系统监控,Linux 网络管理,Linux 磁盘管理等。

本书虽然以 Linux 为例,但书中介绍的知识点也可以用于 MINIX、FreeBSD 等符合 POSIX 规范的 UNIX 系统。

本书适合想要系统、全面地学习 Linux 技术的初学人员,也适合具有一定 Linux 使用经验的读者。

图书在版编目（CIP）数据

Linux 系统操作与维护：基于 UOS Server / 韩梅, 王锐铭主编. -- 西安 ： 西安电子科技大学出版社, 2024.11. -- ISBN 978-7-5606-7474-2

Ⅰ. TP316.85

中国国家版本馆 CIP 数据核字第 2024EJ7363 号

策　　划　刘玉芳
责任编辑　刘玉芳
出版发行　西安电子科技大学出版社（西安市太白南路 2 号）
电　　话　（029）88202421　88201467　　　邮　　编　710071
网　　址　www.xduph.com　　　　　　电子邮箱　xdupfxb001@163.com
经　　销　新华书店
印刷单位　陕西天意印务有限责任公司
版　　次　2024 年 11 月第 1 版　2024 年 11 月第 1 次印刷
开　　本　787 毫米×1092 毫米　1/16　印张 8.5
字　　数　193 千字
定　　价　30.00 元

ISBN 978-7-5606-7474-2

XDUP 7775001-1

*** 如有印装问题可调换 ***

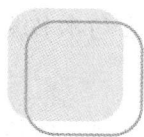

前　言

Linux 是一种基于 UNIX 的免费和自由传播的类 UNIX 操作系统，以高效性、灵活性和开源特性而著称，能够提供多用户、多任务的能力，并支持 32 位和 64 位硬件。Linux 继承了 UNIX 以网络为核心的设计思想，是一个性能稳定的多用户网络操作系统。

在国产操作系统蓬勃发展之时，被誉为"信创领域适用度最好的民用操作系统"的统信 UOS(Unity Operating System)，以深度操作系统(Deepin)为基础，基于 Linux 内核，建立了统一桌面操作系统和统一服务器操作系统，并结合各类软件、硬件开展适配工作，建立信创生态解决方案。国产操作系统作为底层基础软件是推动科技自主创新的安全基石，学习基于国产操作系统的 Linux 系统的操作与维护，对于经济数字化转型、促进产业链升级以及我国 IT 产业的发展升级都具有重要意义。

为了更好地支持高等院校构建信创教育生态体系，天津中德应用技术大学和山西青年职业技术学院的部分老师共同编写了本书，统信软件技术有限公司教育与考试中心的秦冰主任也为本书的编写提供了指导与支持。

本书共 9 章，主要内容包括：第 1 章为 Linux 简介，主要介绍 Linux 及统信 UOS 操作系统的基本特点；第 2 章为统信 UOS 的部署，主要介绍下载、安装与配置 VirtualBox 虚拟机平台以及安装 UOS Server 系统；第 3 章为 Linux 基本命令，主要介绍 Linux 的目录管理、文件管理、文件查看等基本命令的使用；第 4 章为用户概述、文件权限与文本编辑，主要介绍 Linux 的用户信息相关命令、文件权限及 Vim 编辑器的使用；第 5 章为文件处理、重定向与操作符，主要介绍 Linux 的文件处理与重定向的相关命令以及操作符的使用；第 6 章为 Linux 软件包管理，主要介绍软件包系统与软件包安装方式等；第 7 章为 Linux 进程管理与系统监控，主要介绍 Linux 系统状态检测、进程管理、系统监控等相关命令；第 8 章为 Linux 网络管理，主要介绍 Linux 网络配置命令和网络诊断命令；第 9 章为 Linux 磁盘管理，主要介绍 Linux 磁盘分区和逻辑卷管理的相关命令。

本书由韩梅、王锐铭担任主编，范凯、秦冰担任副主编。韩梅负责全书的统稿工作并编写第 1 章和第 9 章，王锐铭编写第 2 章至第 6 章，范凯编写第 7 章和第 8 章，秦冰作为统信操作系统负责人，负责全书内容编写指导。参与本书编写的人员还有王呈慧、刘涛、李望。

在编写本书的过程中，我们参考了一些相关文献，统信软件技术有限公司也为本书的出版做了很多工作，在此一并致谢！

由于作者水平有限，书中可能还存在不足之处，恳请广大读者批评指正。

作 者

2024 年 6 月

目　　录

第 1 章

Linux 简介

Linux 是一套免费使用和自由传播的类 UNIX 操作系统，其内核(Kernel)由林纳斯·托瓦兹(Linus Torvalds)于 1991 年 10 月 5 日首次发布。Linux 是受到 MINIX 操作系统和 UNIX 操作系统思想的启发开发的，是一个基于 POSIX(Protable Operating System Interface of UNIX，可移植操作系统接口)的多用户、多任务、支持多线程和多 CPU 的操作系统。它支持 32 位和 64 位硬件，能运行主要的 UNIX 工具软件、应用程序和网络协议。

Linux 继承了 UNIX 以网络为核心的设计思想，是一个性能稳定的多用户网络操作系统。Linux 有上百种不同的发行版，如基于社区开发的 Debian、Arch Linux 和基于商业开发的 Red Hat Enterprise Linux(RHEL)、SUSE、Oracle Linux 等。

Linux 不仅系统性能稳定，而且是开源软件。其核心防火墙组件性能高效、配置简单，保证了系统的安全。Linux 具有开放源码、技术社区用户多等特点，其开放源码的特点使得用户可以自由裁剪，灵活性高，功能强大，成本低。

Linux 目前已经广泛应用于各行各业，如安卓系统的内核部分、各种软路由固件以及特斯拉汽车的车机系统等。随着 IoT(物联网)、Big Data(大数据)、AI(人工智能)等技术的发展，Linux 必将得到更快速的发展。

1.1 什么是 Linux

Linux 是指 GNU/Linux。其中 GNU 是指 Richard Stallman 于 1983 年发表的宣言，他致力于创造一套完全自由的开放操作系统。Linux 实际上是指操作系统的内核部分。

1.1.1 Linux 的起源

1969 年，贝尔实验室的 Ken Thompson 设计了 UNIX，而 Dennis Ritchie 为处于雏形阶段的 UNIX 发明了一种新的语言——C 语言。20 世纪 70 年代，UNIX 系统是开源而且免费的。但是在 1979 年，AT&T 公司宣布了对 UNIX 系统的商业化计划，源代码被当作商业机密，成为专利产品，人们再也不能自由使用。

1983 年，Richard Stallman 发起了 GNU 源代码开放计划并制定了著名的 GPL 许可协议。1987 年，GNU 计划获得了一项重大突破——GCC 编译器发布，这使得程序员可以基于该编译器编写出属于自己的开源软件。1991 年 10 月，芬兰赫尔辛基大学的大学生 Linus Torvalds 发布了一款名为 Linux 的操作系统内核，该内核迅速得到了 GNU 计划和一大批程序员的认可。

Linux 内核配合 Shell 等界面，就成了一个完整的操作系统(OS)。由 Linux 内核与各种常用软件所集合成的产品，叫作 Linux 发行套件(Distrubition，Distro)，简称 Linux 操作系统。

1997 年，著名的 Emacs(宏编辑器)的作者 Eric Steven Raymond 发表了《大教堂与市集》(The Cathedral and The Bazaar)一文，该文被称为"开源运动"的圣经。

目前，全球大约有数百款 Linux 发行套件，每个发行版本都有自己的特性和目标人群。

1.1.2 Linux 的特点

Linux 的主要特点如下：

(1) 模块化程度高。Linux 的内核设计分为进程管理、内存管理、进程间通信、虚拟文件系统和网络 5 部分，用户可以根据实际需要，在内核中插入或移走模块，这使得内核可以被高度剪裁定制，以便在不同的场景下使用。

(2) 广泛的硬件支持。得益于 Linux 系统免费开源的特点，有大批程序员不断地向 Linux 社区提供代码，使得 Linux 有着异常丰富的设备驱动资源，对主流硬件的支持极好，而且几乎能运行在所有流行的处理器上。

(3) 开放性。Linux 操作系统是开放源码系统，可以对其程序进行编辑修改。任何人都可以从网络上下载它的源代码，并可以根据自己的需求进行定制化的开发，而且没有版权限制。

(4) 多用户、多任务。多用户是指系统资源可以同时被不同的用户使用，每个用户对自己的资源有特定的权限，互不影响。多任务是现代化计算机的主要特点，指的是计算机能同时运行多个程序，且程序之间彼此独立，Linux 内核负责调度每个进程，使之平等地访问处理器。由于 CPU 的处理速度极快，因此从用户的角度来看所有的进程好像在并行运行。

(5) 良好的用户界面。Linux 同时具有字符界面和图形界面。在字符界面，用户可以通过输入相应的指令来进行操作。Linux 也提供了类似 Windows 系统的图形界面，用户可以使用鼠标进行操作。

(6) 良好的可移植性。Linux 中 95%以上的代码都是用 C 语言编写的，由于 C 语言是一种与机器无关的高级语言，是可移植的，因此 Linux 系统也是可移植的。

(7) 安全稳定。Linux 采取了很多安全技术措施，包括读写权限控制、带保护的子系统、审计跟踪、核心授权等,这为网络环境中的用户提供了安全保障。实际上,有很多运行 Linux 的服务器可以持续运行长达数年而无须重启，依然可以性能良好地提供服务，其安全稳定性已经在各个领域得到了广泛的证实。

1.1.3　Linux 的发行版本

在 Linux 内核的发展过程中，各种 Linux 发行版本起了巨大的作用，正是它们推动了 Linux 的应用，从而让更多的人关注 Linux。Linux 的各个发行版本使用的是同一个 Linux 内核，因此在内核层不存在兼容性问题，但是每个版本有不一样的使用体验，这只在发行版本的最外层(由发行商整合开发的应用)才有所体现。

Linux 的发行版本主要分为两类：一类是商业公司维护的发行版本，一类是社区组织维护的发行版本。前者以著名的 Red Hat 为代表，后者以 Debian 为代表。Linux 的主要发行版本如图 1-1 所示。

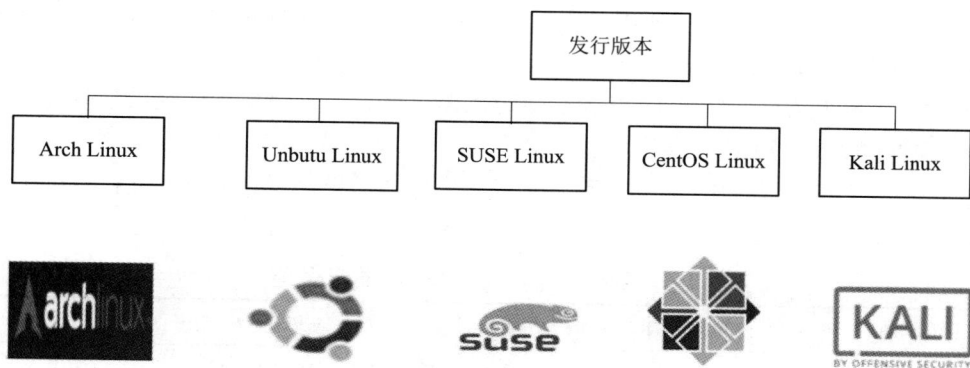

图 1-1　Linux 的主要发行版本

1.2　统信 UOS 概述

统信 UOS 又称为统一操作系统，是统信软件发行的美观易用、安全稳定的国产操作系统。该系统可支持 x86、龙芯、申威、鲲鹏、飞腾、兆芯等国产 CPU 平台，能够满足不同用户的办公、生活、娱乐需求。统信服务器操作系统 V20 是统信 UOS 产品家族中面向服务器端运行环境的，是一款用于构建信息化基础设施环境的平台级软件。统信 UOS 产品主要面向我国企事业单位、教育机构以及普通的企业型用户，着重解决用户在信息化基础建设过程中服务端基础设施的安装部署、运行维护、应用支撑等需求。因为统信 UOS 具有极高的可靠性、持久的可用性、优良的可维护性，所以它深受用户好评，是一款体现当代主流 Linux 操作系统发展水平的商业化软件产品。

1.2.1　统信 UOS 的统一特性

统信 UOS 的统一特性主要有以下几点：

（1）统一的版本。统信 UOS 采用同源异构的方式，用同一份源代码构建支持不同 CPU 架构的统信 UOS 产品。

（2）统一的支撑平台。统信 UOS 的桌面版和服务器版产品提供统一的编译工具链，并提供统一的社区支持。

（3）统一的应用商店和仓库。统信 UOS 应用商店支持签名认证，提供统一、安全的应用软件发布渠道。

（4）统一的开发接口。统信的 UOS 桌面版和服务器版产品提供统一的运行和开发环境，包括运行库、开发库和头文件。应用开发厂商仅需在某 CPU 平台完成一次开发，即可在多种 CPU 架构平台完成构建。

（5）统一的标准规范。统信 UOS 符合规范的测试认证，为适配厂商提供高效支持，并提供软、硬件产品的互认证。

（6）统一的文档。统信 UOS 的桌面版和服务器版产品提供一致的开发文档、维护文档和使用文档，降低了运维门槛。统信软件的应用软件发布渠道如表 1-1 所示。

表 1-1　统信软件的应用软件发布渠道

CPU 厂商	CPU 架构	CPU 型号
龙芯	MIPS64	龙芯(3A3000/4000、3B3000/4000)
申威	SW64	申威(421、1621)
鲲鹏	ARM64	鲲鹏(920s、916、920)
飞腾	ARM64	飞腾(FT2000/4、FT2000/64)
海光	AMD64	海光(31XX、51XX、71XX)
兆芯	AMD64	兆芯(ZX-C、ZX-E 系列，KX、KH 系列)
Intel/AMD	AMD64	主流型号 CPU

1.2.2　统信 UOS 的全栈生态

全栈生态将前端、后端、数据库、网络通信多个层次的技术整合，是涉及技术、服务和生态的多层面综合功能结构。该生态系统内的各个组件具有全面性和灵活性的特点，并相互协同以实现整体效益的最大化。

统信 UOS 的全栈生态如图 1-2 所示,提供了直接使用 Windows 相应软、硬件的功能,通过一次性快速交付,有效地降低了用户的迁移成本。

图 1-2 统信 UOS 全栈生态

统信应用全栈系统解决了迁移周期长、数据易泄密、统一管控难等实际难题,支持 AMD64、ARM64、LoongArch 三种终端架构。其特点如下:

(1) 统一资源管理,支持用户在多终端设备通过登录 Web 客户端或本地客户端直接使用已分配的所有 Windows 云应用,确保与原有使用体验的一致性。

(2) 统一应用管理,支持服务端调整应用参数和显示属性,设置数据的本地读写权限,提供高效集中的管理体验。

(3) 统一账号管理,支持账号的批量创建、修改、删除、导入、分组等功能,可为不同分组的账号配置不同的权限,实现权限的精细化管理。

(4) 统一系统管理,支持系统授权、系统状态查看、水印管理、客户端管理等功能,有效提高系统的安全性,降低数据的泄露风险。

(5) 统一主机管理,支持用户创建、修改、删除集群以及调整终端设备的集群归属,实现对集群资源的动态调配。

在日常办公场景中,用户需要完成文档编辑、演讲演示、数据分析、资料搜索、收发邮件、打印扫描等工作。通过统信 UOS 系统可正常使用相关 Windows 生态的产品,如 OA 系统、网上银行、微信、CAD 等 B/S 架构和 C/S 架构的应用,以及这些应用运行时需要调用的打印机、扫描仪等外接设备,有效地保障了用户日常办公业务的连续性。

在政务服务场景中,对数据的安全要求极高,统信 UOS 系统提供服务端来集中管理用户分组、不同组内的应用访问权限,所有数据默认存储在云端,员工从云端下载数据前需要流程审批，同时所有的上传、下载和使用等操作均有日志记录以便追溯，从根本上杜绝数据的泄露。

在线上培训场景中，用户需要集中对应用、用户、资源等进行管控，同时存在不同类型的终端设备和不同 CPU 架构的终端设备同时参与到培训中。统信 UOS 系统支持不同类型、不同 CPU 架构的终端设备统一访问 Windows 生态的应用和外接设备，为用户提供真正的无缝、无感、无界体验。

第 2 章

统信 UOS 的部署

统信终端域管平台采用 Docker 化部署方式，由于 Docker 部署的可移植性特点，因此只需部署服务器支持 Docker 环境即可安装。统信终端域管平台支持数据持久化存储，在更新平台的单个或多个组件时，只需更新对应的 Docker 镜像即可完成更新，并且数据不会丢失，极大地降低了平台部署难度。

1. 统信终端域管平台前台

统信终端域管平台前台是统信软件自主研发的、对操作系统进行集中管理的解决方案，主要用于解决在大规模使用终端的场景下，对统信桌面操作系统的系统策略、配置和系统设置等统一管理的问题，在提升系统安全性的同时，可大幅降低管理的成本。

2. 统信终端域管平台后台

统信终端域管平台采用 B/S 架构的管理后台与 C/S 架构的终端程序，通过简单易用、可扩展、可定制的通用型桌面操作系统管理软件，满足用户对其管理区域内的统信桌面操作系统进行集中管理与维护的需求。

统信终端域管平台的核心功能模块主要包含区域管理、人员管理、终端管理、应用管理、USB 设备管理、日志管理、消息管理、任务管理等 8 个模块。

考虑到尽量不影响生产环境，因此不建议初学者直接在物理机上安装 Linux 系统。本章将介绍如何使用虚拟机安装统信 UOS 服务器版。虚拟机是通过软件模拟技术实现具有完整硬件系统功能的计算机系统，它提供了独立运行操作系统和应用程序的计算机环境。

2.1 安装前准备

在安装前，首先需要下载虚拟机平台安装包与 Linux 光盘镜像。

1. 下载 VirtualBox 虚拟机平台安装包

VirtualBox 是全球广受欢迎的开源跨平台虚拟化软件。使用该软件，能够在一台设备上运行多个操作系统，以便更快地交付代码。VirtualBox 可在 Windows、mac OS 和 Linux 等系统上运行。

在浏览器地址栏输入 VirtualBox 官网地址 https://www.oracle.com/cn/virtualization/technologies/vm/downloads/virtualbox-downloads.html，可查看到 VirtualBox 虚拟机平台安装包下载界面，如图 2-1 所示。

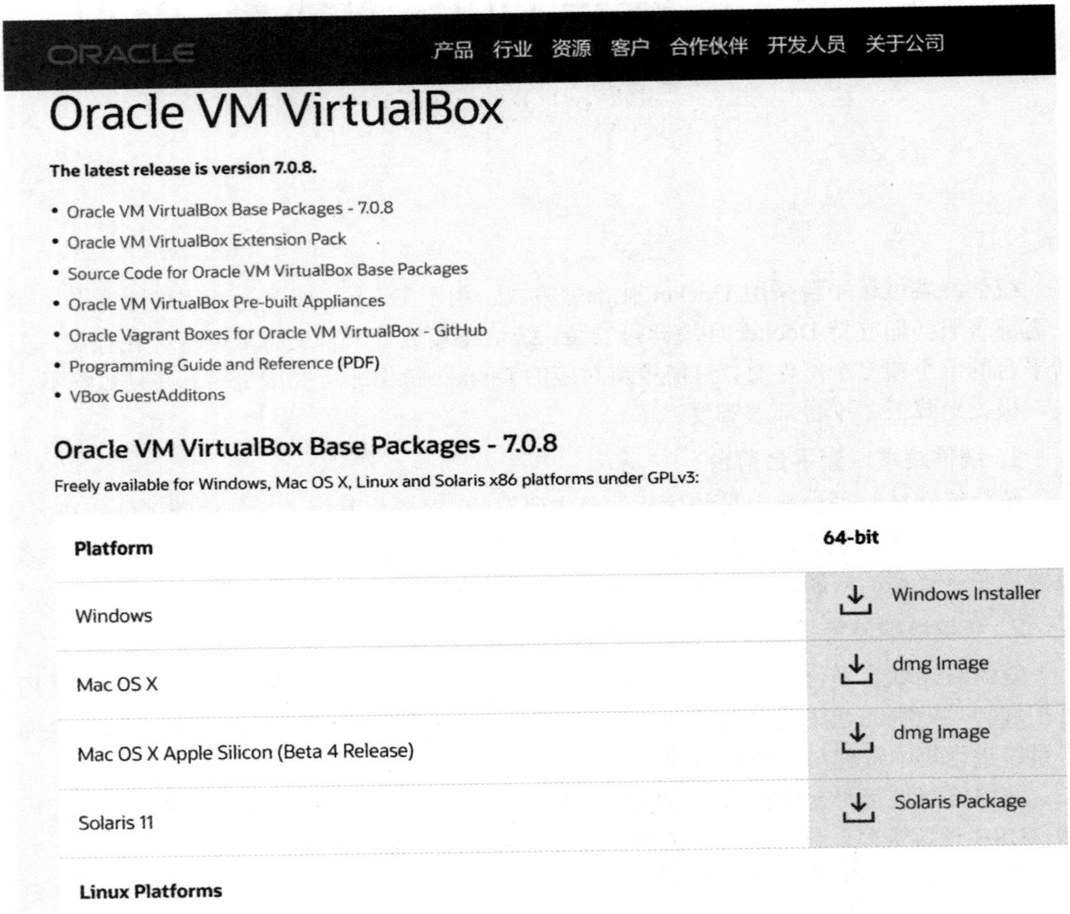

图 2-1　VirtualBox 虚拟机平台安装包下载界面

根据自己当前物理机上正在运行的系统，选择合适的安装包，单击下载即可。

2. 系统 ISO 镜像下载

为了帮助用户与合作伙伴更低成本、更方便地使用国产操作系统应对 CentOS 停更的挑战，统信软件决定为广大中国用户及合作伙伴提供统信 UOS 服务器操作系统 V20 的免费使用授权。更新后的统信 UOS 服务器操作系统有更多的特点，如更新多个产品资质、提供 CentOS 安全接管服务、持续扩充生态兼容性、新增多个社区优势特性和提供免费使用授权模式。

系统 ISO 镜像下载界面如图 2-2 所示，其网址为 https://www.chinauos.com/ resource/ download-server-ufu。

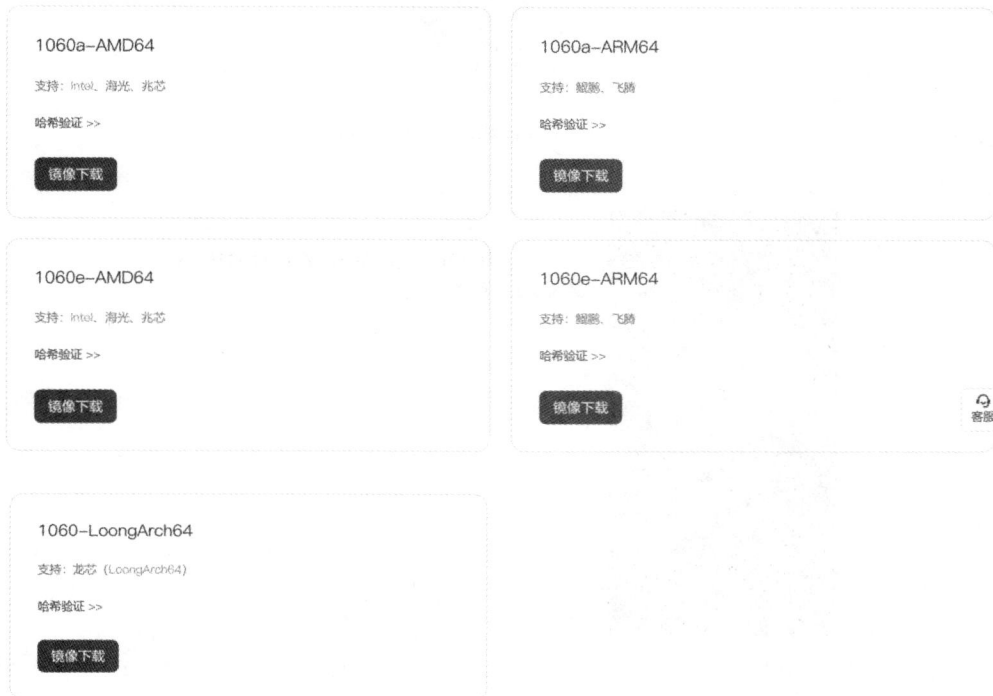

图 2-2　系统 ISO 镜像下载界面

注意：镜像名称中的 a 代表兼容阿里的龙蜥(Anolis)操作系统，e 代表兼容华为的欧拉 (openEuler)操作系统。安装平台与镜像版本需要对应，如鲲鹏、飞腾平台对应 ARM64 版本，Intel、海光、兆芯平台对应 AMD64 版本。

2.2　安装配置 VirtualBox 虚拟机平台

本节将介绍如何安装与配置虚拟机平台。

1. 安装 VirtualBox 虚拟机平台

这里以 Windows 平台的安装包为例，双击下载好的 VirtualBox 安装包图标，如图 2-3 所示，然后根据安装向导进行安装，如图 2-4 所示。可以选择需要安装的功能和位置，如图 2-5 所示。

VirtualBox-7.0.8-1568
79-Win.exe

图 2-3　VirtualBox 安装包图标

图 2-4　VirtualBox 安装向导

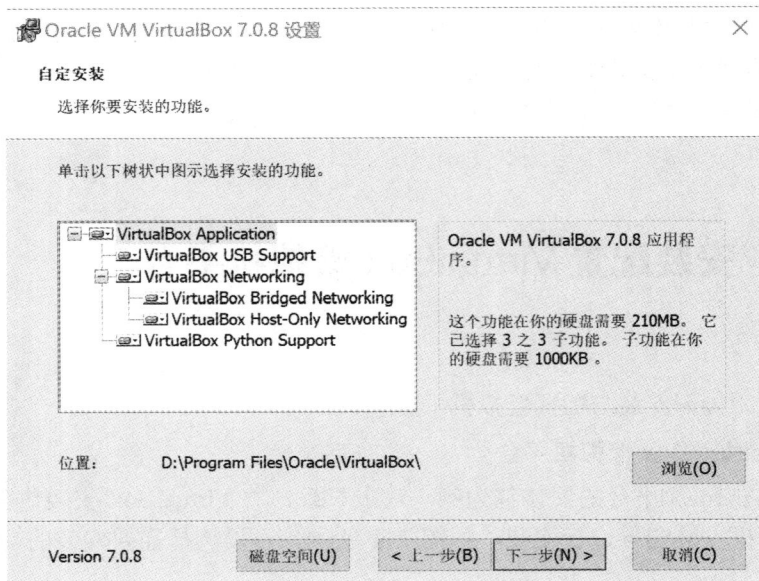

图 2-5　选择需要安装的功能和位置

安装过程中根据安装向导的提示即可完成安装，如图 2-6～图 2-9 所示。

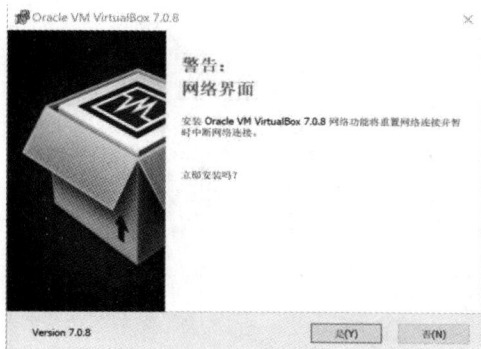

图 2-6　安装过程图 1

图 2-7　安装过程图 2

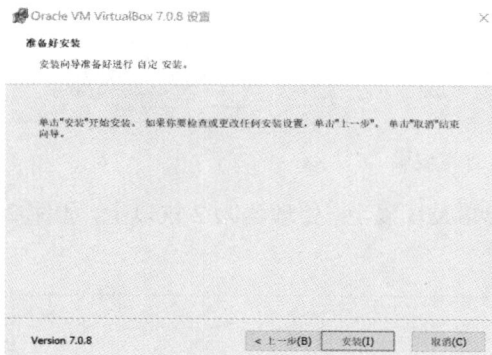

图 2-8　安装过程图 3

图 2-9　安装过程图 4

2. 配置虚拟电脑

配置虚拟电脑的步骤如下：

(1) 运行 VirtualBox，初始界面如图 2-10 所示，单击"新建"按钮。

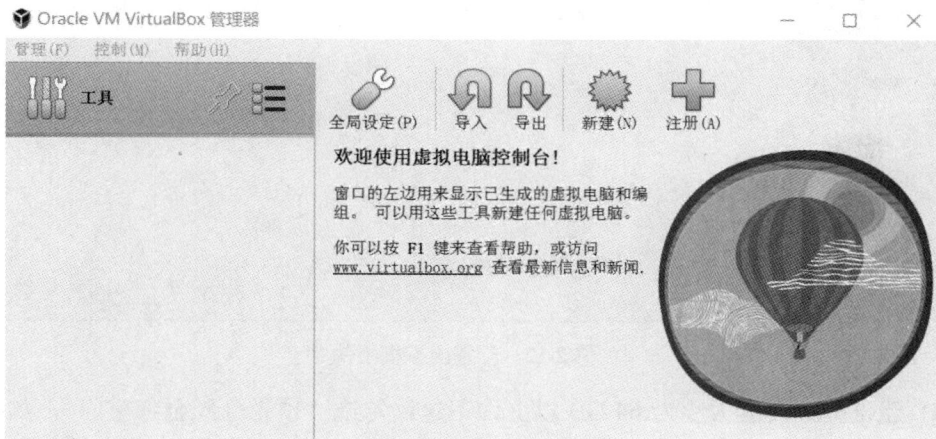

图 2-10　启动 VirtualBox

(2) 修改"名称"和"文件夹",将"虚拟光盘"定位到之前下载的 ISO 文件,并勾选"跳过自动安装",如图 2-11 所示。

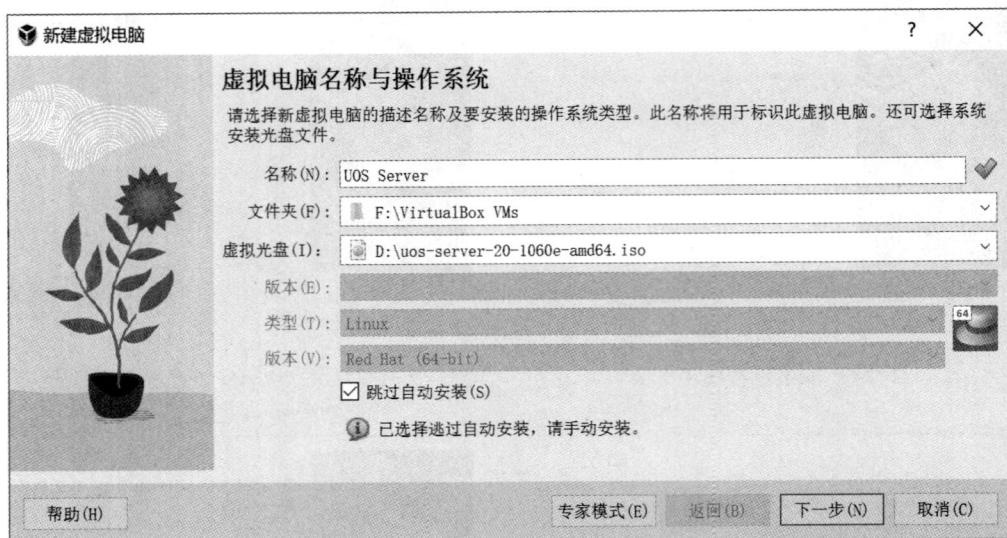

图 2-11　新建虚拟电脑

(3) 配置虚拟机的硬件,建议内存大小为 2048 MB 以上,处理器为 2 核以上,如图 2-12 所示。

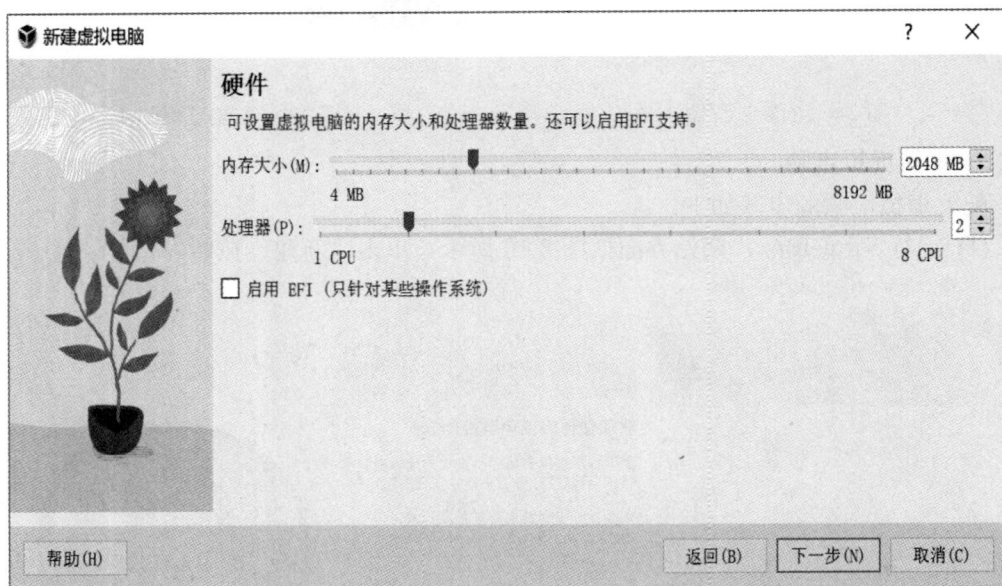

图 2-12　配置虚拟机硬件

(4) 建议虚拟硬盘大小为 64 GB 以上,不建议勾选"预先分配全部空间",如图 2-13 所示。

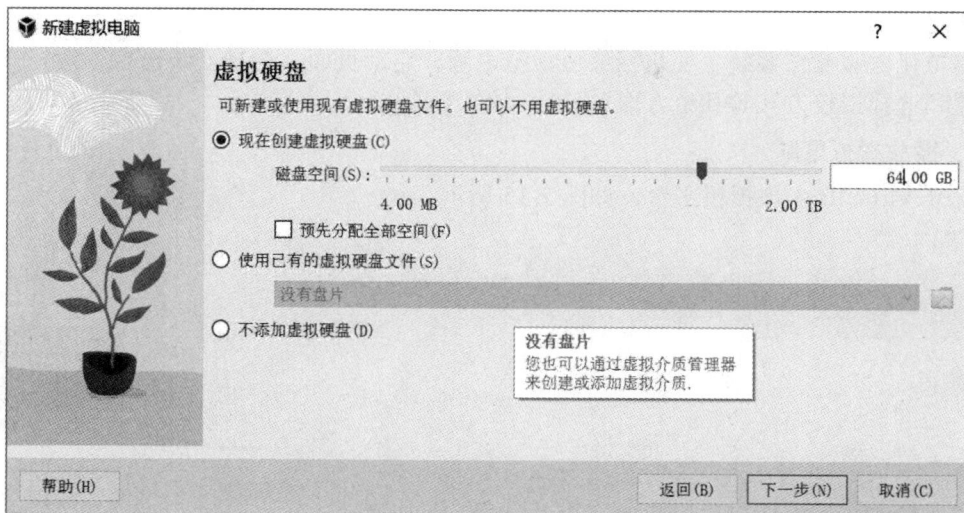

图 2-13　虚拟硬盘设置

(5) 完成新建与配置虚拟电脑，如图 2-14 所示。

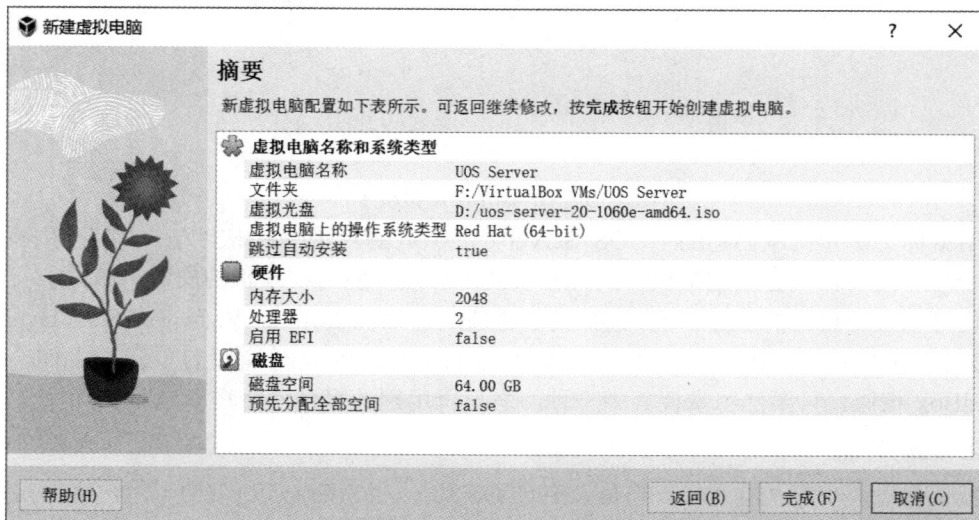

图 2-14　完成新建与配置虚拟电脑

2.3　安装 UOS Server 系统

前面的操作为系统虚拟化做了铺垫，下面通过虚拟化来安装操作系统。

系统要求：安装 UOS Server V20 系统，至少需要 2 核 CPU，2 GB 内存，最少 64 GB 存储的资源(这里指自动分区情况。如果是手动分区，则至少需要 20 GB 磁盘空间)，网络建议选择 NAT。

虚拟化安装操作系统主要包括播放虚拟电脑、启动页面、选择安装语言、选择安装目标位置和选择授权方式等几个方面。

1. 播放虚拟电脑

打开 VirtualBox 虚拟机平台，如图 2-15 所示。

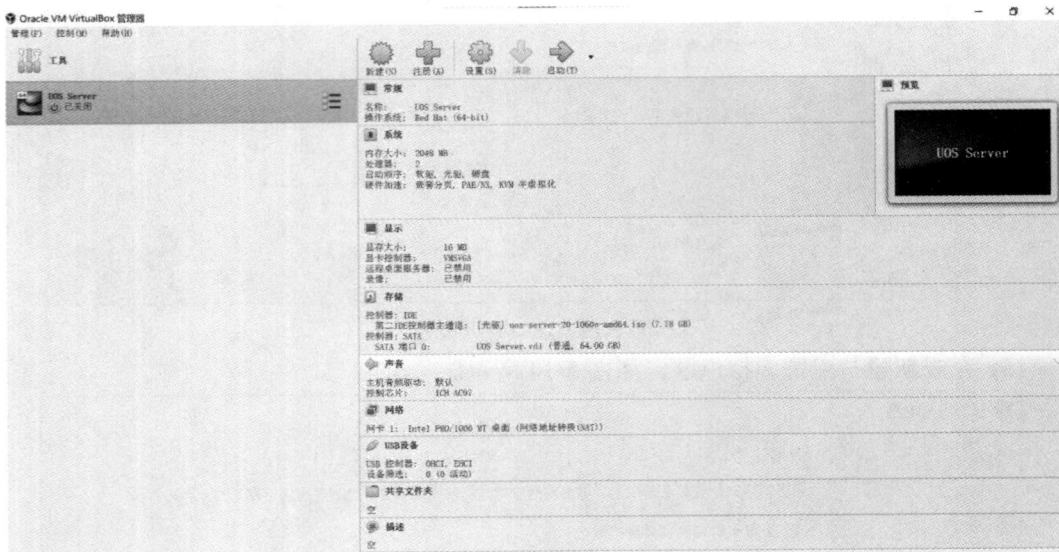

图 2-15　VirtualBox 虚拟机平台

用鼠标选中左侧刚创建的"UOS Server"虚拟电脑，然后单击上方的"启动"按钮。等待一段时间后，即会以虚拟机方式开始安装。后续步骤与物理机的安装一致。

也可以根据自己的实际情况，选择其他合适的虚拟机软件，如 VMware ESXI、Hyper-V、QEMU、Parallels Desktop 等产品。安装虚拟机平台和创建新镜像的步骤与上面介绍的 VirtualBox 相似。只要熟练掌握其中一种，之后再用别的平台就会轻车熟路。

2. 启动页面

默认会以菜单第一行"Install UnionTech OS Server 20 (Graphic)"(图形用户界面)引导启动，如图 2-16 所示。

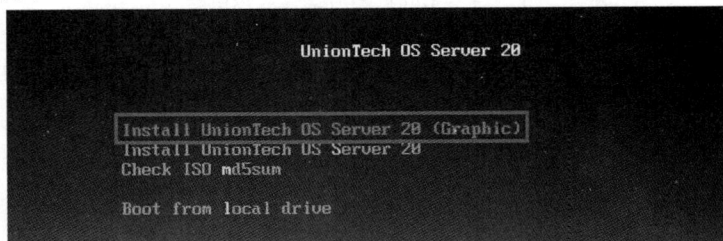

图 2-16　UOS 图形用户界面启动

对图 2-16 中的几种安装模式说明如下：

(1) Install UnionTech OS Server 20 (Graphic)：使用图形用户界面模式安装。

(2) Install UnionTech OS Server 20：使用字符界面安装，无用户界面交互模式。

(3) Check ISO md5sum：校验 ISO 镜像的完整性。

(4) Boot from local drive：从本地硬盘引导。

如果是第一次安装操作系统，需要在 5 s 之内使用键盘中的"↑"和"↓"方向键选择安装统信 UOS 操作系统的模式。

3. 选择安装语言

以图形用户界面模式为例进行介绍。在菜单的第一行选项为高亮状态时，按下键盘上的"Enter"键。系统会提示用户设置安装过程中使用的语言，如图 2-17 所示。默认安装语言为中文，用户可根据实际情况进行调整。

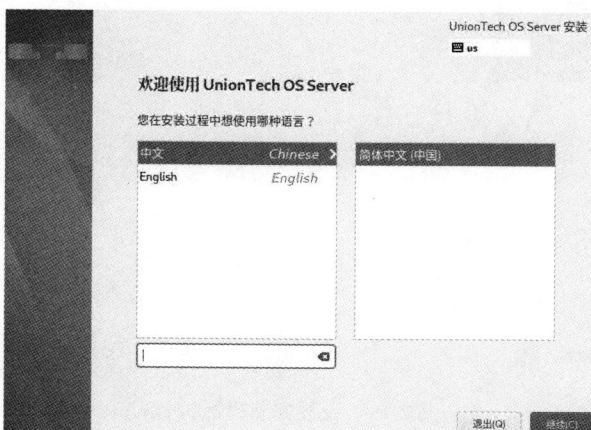

图 2-17　安装语言选择

4. 选择安装目标位置

进入安装界面后，可以进行时间、语言、安装源、网络、安装位置等相关设置，如图 2-18 所示。部分配置项如"安装目的地""根密码"等会有告警符号，完成该选项的配置后，告警符号会消失。

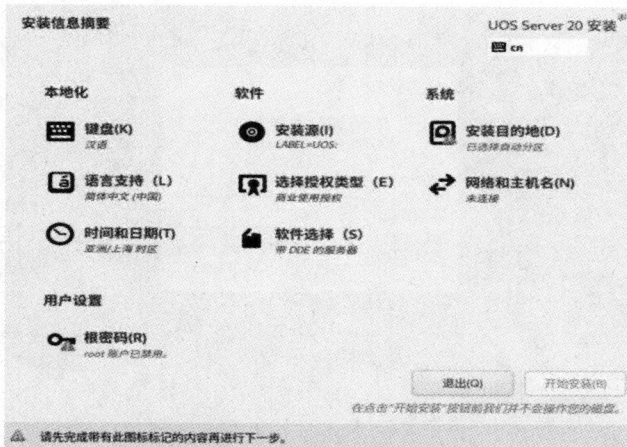

图 2-18　"安装信息摘要"界面

单击"安装目的地"选项，设置操作系统的安装磁盘及分区。建议初学者选择"自动"，并单击"完成"按钮，如图 2-19 所示。

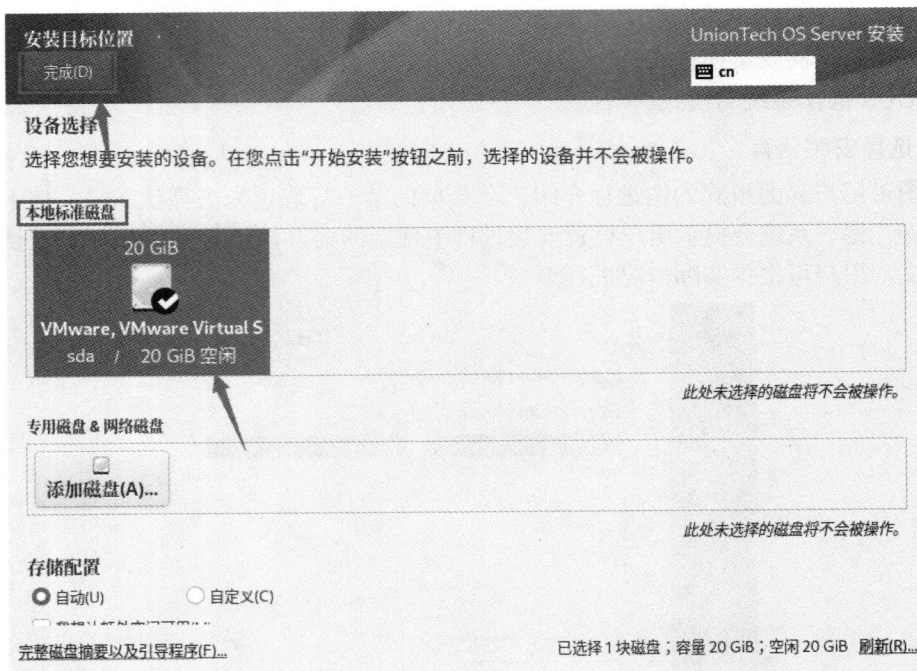

图 2-19　设置安装目标位置

如果对性能或者对设备中数据有特殊要求，可以手动分区。选择"自定义"按钮，并单击左上角的"完成"按钮，即可进入"手动分区"界面，重新进行分区配置，如图 2-20 所示。

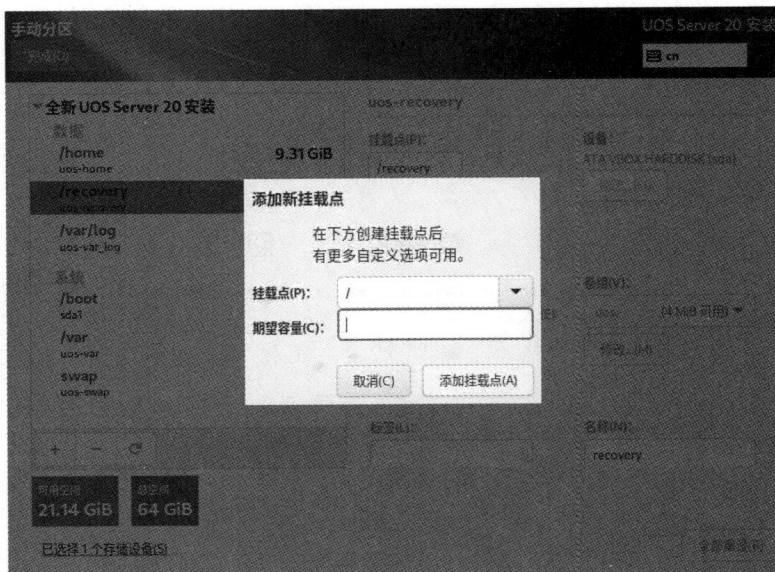

图 2-20　安装过程中的手动分区

手动分区中除了交换分区和恢复分区，还会自动分配挂载点及磁盘文件系统的格式。主要挂载点及建议容量如下：

(1) efi 引导分区：默认容量为 300 MB。

(2) /boot 分区：存储引导信息和内核信息，普通 Linux 系统 BOOT 分区容量为 300 MB，UOS 系统需要 1.5 GB 以上，建议容量为 2 GB。

(3) /swap 分区：功能上相当于 Windows 系统中的虚拟内存，容量是电脑自身运行内存的 2 倍(建议上限为 16 GB)，格式为 ext4 或 xfs。

(4) /根分区：挂载系统路径，挂载点大小根据需求选择(必须大于 10 GB)，建议容量为 20～40 GB，格式为 ext4。

(5) /home：资源盘，用于存储文件文档，建议容量为 200 GB。

(6) /usr/local：存储系统应用软件安装信息，根据安装软件需求设置，建议容量为 100 GB。

(7) /opt：存储第三方软件安装目录，根据安装软件需求设置，建议容量为 100 GB。

(8) /var：存储系统日志信息，通常用于服务器的分区，根据服务器功能决定容量设置。

(9) /recovery：恢复分区，建议容量为 10 GB，具有存储备份还原和恢复出厂设置功能。

(10) /data：用户存储空间，根据安装软件的需求设置，格式为 ext4 或 xfs。

5. 选择授权方式

在"安装信息摘要"界面中，单击"选择授权类型"选项，会出现如图 2-21 所示的界面。如果非商业使用，可以选择"免费使用授权"。

图 2-21　选择授权方式

6. 设置 ROOT 密码

在"安装信息摘要"界面中，单击"根密码"选项，会出现如图 2-22 所示的界面。

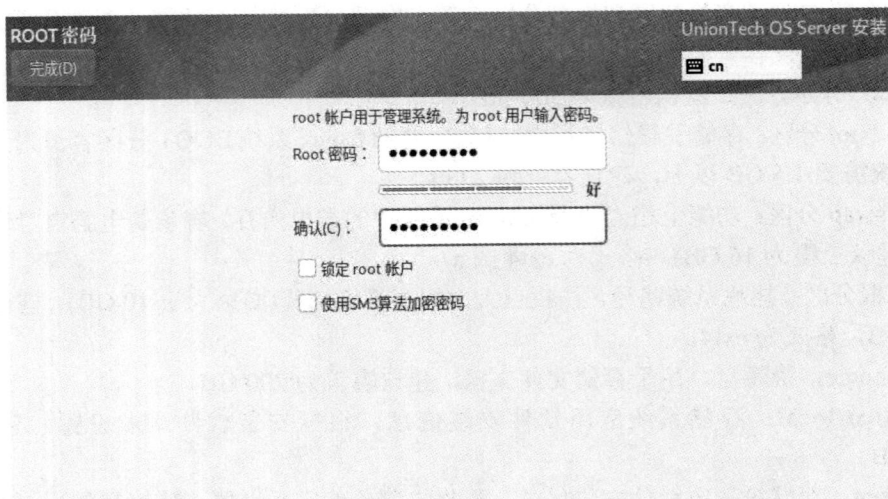

图 2-22　设置 ROOT 密码

完成管理员(即 root 用户)密码设置后，单击"完成"按钮，将返回"安装信息摘要"主界面。在配置好"安装信息摘要"界面的各个选项后，部分子选项图标上的"告警符号"便会消失，这时可以单击该界面右下角的"开始安装"按钮进行 Linux 操作系统的安装。

7. 重启系统前移除虚拟盘

在安装完成后出现"完成！"提示时，暂时不要单击"重启系统"，如图 2-23 所示。在重启之前，需要在 VirtualBox 当前虚拟机窗口中单击"设备"→"分配光驱"→"移除虚拟盘"，移除"uos-server-20-1060e-amd64.ISO"虚拟盘，如图 2-24 所示。移除虚拟盘后单击"重启系统"。

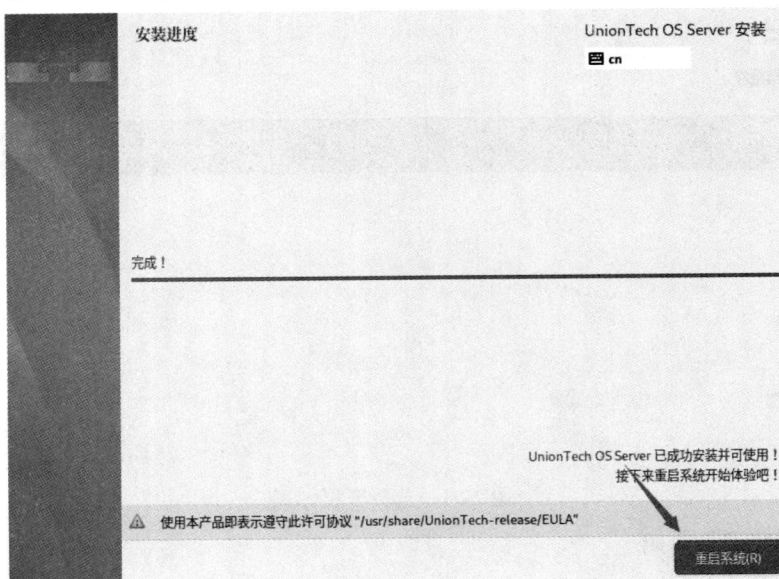

图 2-23　安装完成

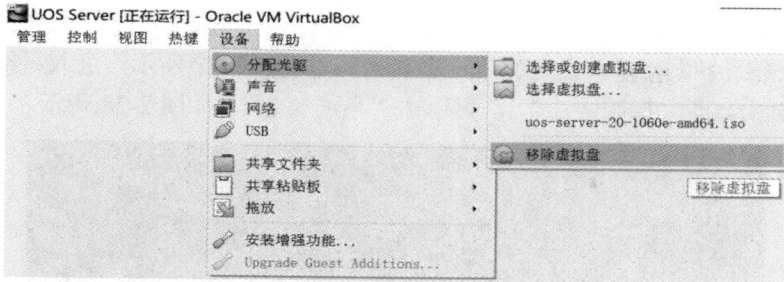

图 2-24　移除虚拟盘

8. 重启系统后接受许可协议

重启系统后，进入"初始设置"界面，如图 2-25 所示。单击"许可信息"，勾选"我同意许可协议(A)"，并单击"完成"按钮，然后单击"结束配置"按钮，如图 2-26 所示。

图 2-25　"初始设置"界面

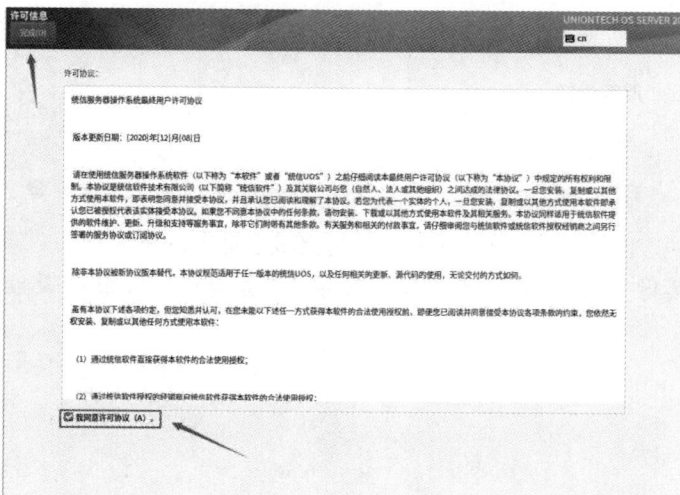

图 2-26　接受许可协议

9. 登录系统

进入系统登录界面，输入设定的用户名和密码，如图 2-27 所示。进入系统后，单击左下角齿轮状的图标(即"控制中心")，再单击"系统信息"，如图 2-28 所示。

图 2-27　系统登录界面

产品名称:	
系统版本:	1060e
授权模式:	Open
激活状态:	免费授权
到期时间:	终身有效 ❓

图 2-28　设置系统信息

免费授权版镜像安装完成后，系统信息显示为"免费授权"，商业版激活后会显示为"已激活"。

第 3 章

Linux 基本命令

Linux 的前身为 UNIX，它最初没有图形界面，所有任务都是通过命令行实现的。这一特点也沿袭到了 Linux 系统中。本章将通过一些具体示例来介绍 Linux 中基础操作的命令和快捷键。

3.1 Shell 交互

Shell 本意是"壳"，Linux 中 Shell 是系统的用户界面，它提供了一种用户与内核进行交互操作的接口，是在 Linux 内核与用户之间的解释器程序。Shell 相当于操作系统的"外壳"，接收用户输入的命令并把它送入内核执行。

Linux 系统的内核负责完成对硬件资源的分配、调度等管理任务。系统内核对计算机的正常运行尤为重要，因此一般不会直接编辑内核中的参数，而是用户通过基于系统调用接口开发出的程序或服务来管理计算机，以满足日常工作的需要。Shell 也称为终端或壳，它充当的是人与内核(硬件)之间的翻译功能，用户把一些命令"告诉"终端，它就会调用相应的程序服务来完成相应的工作。

Shell 是 Linux 系统的默认用户界面，与 Windows 系统下的"PowerShell"、Mac 系统下的"终端"类似。在 GUI(Graphical User Interface，图形用户接口)开发前，这是唯一与操作系统交互的方式。即使在 GUI 普及的今天，Shell 的速度、灵活性依然大大超过图形界面。在服务器端，很多时候默认是不安装 GUI 的，所以需要熟练掌握 Shell 交互。

3.1.1 Shell 简介

Shell 是操作系统的最外层，它可以合并编程语言来控制进程和文件。从图 3-1 中可以清楚地看见，Shell 为用户提供了一个操作界面，User 在这个界面输入指令，然后通过 Shell 向内核(kernel)传递，Shell 是用户(User)与 Linux 操作系统(Operating System，OS)之间沟通的桥梁，因此 Shell 也被称为 Shell 解释器。

图 3-1　Shell 解释器

3.1.2　Linux Shell 种类

1. Shell 语言

不同的 Shell 语言具备不同的功能，也具有不同的特点和功能。Shell 语言主要包含以下几种：

- bourne again shell(/bin/bash)。
- bourne shell(/use/bin/sh 或 /bin/sh)。
- C shell (/usr/bin/csh)。
- K shell (/usr/bin/ksh)。

最常用的 Shell 是/bin/bash。它使用简单且免费，也是大多数 Linux OS 默认的 Shell 环境。注意，不同的 Shell 语言的语法不同，一般不能交换使用。

2. Shell 命令

Shell 命令分为内部命令和外部命令两种。

- 内部命令：在安装的时候嵌入系统内核。
- 外部命令：以文件的形式存在。

可以使用 type 命令来查看所指命令是内部命令还是外部命令，示例如下：

```
[root@uniontech ~]# type type
type 是 shell 内建
[root@uniontech ~]# type cat
cat 是/usr/bin/cat
[root@uniontech ~]# type ls
ls 是"ls --color=auto"的别名
```

3. 系统中相关 Shell 的操作

· 查看系统默认的 Shell，命令如下：

```
[root@uniontech ~]# echo $SHELL
/bin/bash
```

· 查看系统支持的 Shell，命令如下：

```
[root@uniontech ~]# cat /etc/shells
/bin/sh
/bin/bash
/usr/bin/sh
/usr/bin/bash
```

· 安装 Shell，命令如下：

```
[root@uniontech ~]# dnf -y install zsh
```

· Shell 切换，命令如下：

```
[root@uniontech ~]# zsh
uniontech# exit
[root@uniontech ~]# sh
sh-5.0# exit
exit
[root@uniontech ~]#
```

4. 区分 Shell 名词

· Shell：一个整体的概念，解释器。
· Shell 编程与 Shell 脚本：可以统称为 Shell 编程。
· Shell 命令：Shell 编程底层具体的语句和实现方法。

3.1.3　Bash

最常用的终端是 Bash(Bourne Again Shell)解释器，它也是大多数 Linux 系统默认的 Shell 环境。现在包括统信 UOS 系统在内的主流 Linux 系统都选择 Bash 解释器作为命令行终端，它主要有以下 4 项优势：

(1) 通过上、下方向键来调取执行过的 Linux 命令。
(2) 命令或参数仅需输入前几位就可以用 Tab 键补全。
(3) 具有强大的批处理脚本的功能。
(4) 具有实用的环境变量功能。

进入统信 UOS 系统后，单击页面左下角的"启动器"→"所有分类"→"系统管理"→"终端"，即可打开 Bash；或者在桌面上单击鼠标右键，选择"在终端中打开"，也可以进入 Bash。Bash 解释器界面如图 3-2 所示。

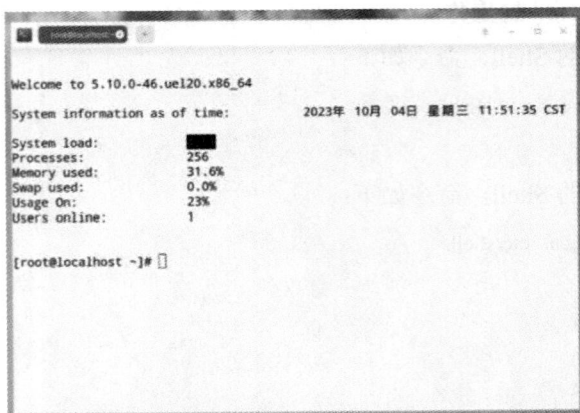

图 3-2　Bash 解释器

3.2　预备知识

在学习基本命令前，需要先掌握一些预备知识，如命令格式与常用快捷键等。

3.2.1　Linux 系统的文件结构

Linux 系统的理念是：一切都是文件。这是因为 Linux 继承了 UNIX 系统的哲学思想，UNIX 系统把一切资源都看作是文件，包括硬件设备。硬件所形成的文件，通常称为设备文件。这样用户就可以用读写文件的方式实现对硬件的访问，这样带来的优势也是显而易见的。因为 UNIX 权限模型也是围绕文件的概念建立的，所以对设备也就可以同样处理了。

设计 Linux 文件系统的目的是存储文件和管理文件。Linux 文件系统的文件是数据的集合，文件系统不仅包含着文件中的数据，而且还有文件系统的结构，Linux 用户和应用程序看到的文件、目录、软链接及文件保护信息等都存储在其中。

Linux 系统的目录结构主要有以下几种：

- /bin：二进制文件，系统常规命令。
- /boot：系统启动分区，系统启动时读取的文件。
- /dev：设备文件。
- /etc：大多数配置文件。
- /home：普通用户的家目录。
- /lib：32 位函数库。
- /lib64：64 位函数库。
- /media：自动挂载可移动存储设备。
- /mnt：手动临时挂载文件或设备。
- /opt：第三方软件安装位置。

- /proc：进程信息及硬件信息。
- /root：临时设备的默认挂载点。
- /sbin：系统管理命令。
- /srv：系统提供服务所用的数据。
- /var：系统运行过程中产生的可变数据。
- /sys：内核相关信息。
- /tmp：临时文件。
- /usr：用户相关设定。

3.2.2　Linux 系统命令行的含义

Linux 是一个以命令行管理为主的操作系统，即通过键盘输入指令管理系统的相关操作，包括但不限于编辑文件、启动和停止服务等。使用 Linux 命令行进行管理，不但可以实现批量、自动化管理，还可以实现智能化、可视化管理。在安装 Linux 系统时，无论是使用文本模式(命令行)安装，还是使用图形模式安装，最终管理系统的任务都会落到命令行上，命令行对于 Linux 来说是非常重要的。

例如，命令行为 root@app00:~#，该命令行语句中的各部分含义如下：

- root：用户名，root 为超级用户。
- @：分隔符。
- app00：主机名称。
- ~：当前所在目录，默认用户目录为~，它会随着目录切换而变化。例如，root@app00:/bin#表示当前位置在 bin 目录下。
- #：当前用户是超级用户，普通用户为$。例如，yao@app00:/root$表示使用 yao 用户访问/root 文件夹。

3.2.3　Linux 系统命令的格式

Linux 命令通常由三部分组成，其格式如下：

命令名(command)　选项(options)　参数(arguments)

注意：从左到右依次排列并以空格隔开。示例如下：

```
[root@uniontech ~]# ls -l /root/
总用量 88
-rw-------. 1 root root 1028 10 月 21 14:56 anaconda-ks.cfg
```

1. 命令名

命令名是指命令的名称，表示命令的基本功能。事实上 Linux 的命令都是一个个程序，命令名是程序所在的脚本名，这些程序保存在系统的/bin 目录下。用户输入命令后，Shell 会根据命令名到相应的位置搜索并执行。选项是命令执行的方式，参数是命令作用的对象。

2. 选项

选项是可选的，通常情况下，选项直接位于命令名之后，用连字符"-"和一个字母表示。不设置选项时，命令将采用默认的方式执行。选项决定这个命令如何执行，同时使用多个选项时用空格分隔。选项有以下两种：

- 短选项 "-"：表示单个字符选项，可组合，如 -l、-A、-c、-d、-lh、-lA、-ld。
- 长选项 "--"：表示多个字符选项，不可组合，如--help。

例如，查看帮助，可以有下面两种方式：

man   -h，此为短选项。

man --help，此为长选项。

注意：短选项与对应的长选项功能完全一致。

3. 参数

某些时候需要使用参数来指定命令的作用对象，或为命令提供数据。当命令中的参数包含空格时，需要使用单引号 "" 将参数名引起来，或者使用斜杠转义。

```
[root@uniontech ~]# ls -lhd /home/ /boot/
dr-xr-xr-x. 5 root root 1.0K 10 月 21 15:02 /boot/
drwxr-xr-x. 3 root root 4.0K 10 月 23 05:00 /home/
```

选项和参数的使用非常灵活，有的命令可以使用 0 个或多个选项和参数，有的命令必须有参数，用户在使用时可以查阅相关的帮助文档或手册。

3.2.4 统信 UOS 常用快捷键

在统信 UOS 自带的终端模拟器中，可使用如表 3-1 所示的统信 UOS 常用快捷键。善于使用快捷键可以使操作更为方便和快捷。

表 3-1 统信 UOS 常用快捷键

快 捷 键	作 用
上、下方向键	调取历史命令
Ctrl + Insert(或鼠标选中)	复制
Shift + Insert(或单击鼠标滚轮)	粘贴
Ctrl + l	清空屏幕或者 clear
Ctrl + c	退出某个正在执行的操作
Ctrl + d	退出 Shell
Ctrl + a	将光标移到行首
Ctrl + e	将光标移到行尾
Ctrl + u	删除光标前的字符
Ctrl + k	删除光标后的字符
Ctrl + w	删除光标前以空格为界线的单词
Ctrl + 左右箭头	以单词为单位移动光标
Ctrl + r	搜索历史命令
Tab	补全

3.3 Linux 常用命令

Linux 命令繁多，主要包括系统工作命令、目录管理命令、文件管理命令、文件查看命令等。

3.3.1　Linux 系统工作命令

Linux 系统工作命令主要有 man、sudo 和关机与重启命令等。

1. man 命令

man 是英文单词“manual”的缩写，译为“帮助手册”，该命令的功能是查看命令、配置文件及服务的帮助信息。其语法格式如下：

man [参数] 对象

【例 3-1】查看指定命令的使用手册，命令如下：

[root@uniontech ~]# man man　　#查看 man 命令的使用手册

在终端界面输入以上命令，查询结果如图 3-3 所示。

```
名称
       man - 在线参考手册的接口

概述
       man  [-C 文件] [-d] [-D] [--warnings[=警告]] [-R 编码] [-L 区域] [-m
       系统[,...]] [-M 路径] [-S 列表] [-e 扩展] [-i|-I] [--regex|--wildcard]
       [--names-only] [-a] [-u] [--no-subpages] [-P 分页程序] [-r 提示] [-7]
       [-E 编码] [--no-hyphenation] [--no-justification] [-p 字符串] [-t]
       [-T[设备]] [-H[浏览器]] [-X[dpi]] [-Z] [[章节] 页[.章节] ...] ...
       man -k [apropos 选项] 正则表达式 ...
       man -K [-w|-W] [-S list] [-i|-I] [--regex] [章节] 词语 ...
       man -f [whatis 选项] 页 ...
       man  -l [-C 文件] [-d] [-D] [--warnings[=警告]] [-R 编码] [-L 区域] [-P
       分页程序] [-r 提示] [-7] [-E 编码] [-p 字符串] [-t] [-T[设备]]
```

图 3-3　man 命令的使用手册

进入手册后，可使用如表 3-2 所示的 man 命令快捷键进行相关操作。

表 3-2　man 命令快捷键

快　捷　键	说　　明
b	上翻一页
Enter	按行下翻
Space	按页下翻
q	退出
/字符串	在手册页中查找字符串

下面介绍使用--help 选项查看帮助信息。

在命令后面加上-h 短选项(或--help 长选项)可以查看对应命令的帮助信息。有一部分软件安装时不包括使用手册，这时可以尝试使用-h(或--help)获取帮助。

【例 3-2】使用短选项查看帮助信息，命令如下：

[root@localhost ~]# man -h　#查看帮助信息(采用短选项格式)

使用手册的查询结果如图 3-4 所示。

```
[root@localhost ~]# man -h
用法： man[选项...] [章节] 手册页...

 -C, --config-file=文件    使用该用户设置文件
 -d, --debug              输出调试信息
 -D, --default            将所有选项都重置为默认值
     --warnings[=警告]    开启 groff 的警告

主要运行模式：
 -f, --whatis             等同于 whatis
 -k, --apropos            等同于 apropos
 -K, --global-apropos     在所有页面中搜索文字
 -l, --local-file
                          把"手册页"参数当成本地文件名来解读
 -w, --where, --path, --location
                          输出手册页的物理位置
 -W, --where-cat, --location-cat
                          输出 cat 文件的物理位置

 -c, --catman             由 catman 使用，用来对过时的 cat
                          页重新排版
 -R, --recode=编码        以指定编码输出手册页源码
```

图 3-4　help 命令使用手册查询示例

【例 3-3】使用长选项查看帮助信息，命令如下：

[root@localhost ~]# man --help　　#查看帮助信息(采用长选项格式)

注意：使用中，长选项--help 与短选项-h 的输出结果一致。

2. sudo 命令

sudo 是英文词组"super user do"的缩写，译为"超级用户才能干的事"，该命令的功能是授权普通用户执行管理员命令的权限。在执行命令前加上sudo 让用户获得管理员权限。但不是所有用户都可以使用 sudo，只有/etc/sudoers 文件中出现的用户才可以使用 sudo 提升权限。其语法格式如下：

sudo [参数] 命令

sudo 命令常用参数及其作用如表 3-3 所示。

表 3-3　sudo 命令常用参数及其作用

参　　数	作　　用
-h	列出帮助信息
-l	列出当前用户可执行的命令
-u 用户名或 UID 值	以指定的用户身份执行命令
-k	清空密码的有效时间，下次执行 sudo 时需要再次进行密码验证
-b	在后台执行指定的命令
-p	更改询问密码的提示语

【例 3-4】普通用户借用管理员权限，命令如下：

[uos@localhost ~]# sudo reboot　　　　#普通用户 uos 借用管理员 root 权限

每次登录后，在第一次使用 sudo 时会要求提供 root 密码。如果密码输入正确，则可以成功借用到管理员权限。后续执行命令时，如果遇到个别命令执行不成功，提示"权限不够"，则可以在命令前补上"sudo"前缀。例如以下指令格式：

```
sh-3.2# su guowei
bash-3.2$ sudo vi /etc/profile
```

总之，sudo 命令的作用就是让授权的普通用户能够以管理员权限执行命令。

3. 关机与重启命令

关机与重启命令的语法格式如下：

- shutdown -h now　　　　#立刻关机
- shutdown -h 5　　　　　#5 min 后关机
- poweroff　　　　　　　#立刻关机
- shutdown -r now　　　　#立刻重启
- shutdown -r 5　　　　　#5 min 后重启
- reboot　　　　　　　　#立刻重启

示例如下：

[root@uniontech ~]# shutdown -h now	#立即关机
[root@uniontech ~]# shutdown -h 10	#指定 10 min 后关机
[root@uniontech ~]# shutdown -r now	#重新启动计算机
[root@uniontech ~]# shutdown -r +3	#指定 3 min 后重启计算机，并提示消息
[root@uniontech ~]# shutdown -c	#取消正在进行的关机

3.3.2　Linux 目录管理命令

Linux 的目录结构为树状结构，最顶级的目录为根目录(/)，其他目录可以通过挂载添加到树中，通过解除挂载进行移除。目录中路径的表示方法有绝对路径和相对路径两种。

- 绝对路径：路径从根目录/开始，如/usr/share/doc。
- 相对路径：路径不是从/开始。例如，由 /usr/share/doc 到/usr/share/man 时，其相对路径可以写成：cd .../man。

目录结构中有 3 个重要目录，分别为根目录、/usr 和/var。

(1) 根目录。所有的目录都是由根目录衍生出来的，同时根目录也与开机、还原、系统修复等动作有关。尽量减少在根目录(/)下直接放置的文件和目录。此外，/etc、/bin、/dev、/lib 和/sbin 这五个重要目录被要求一定要与根目录放置在一起(当 Linux 出现问题时，救援模式通常仅挂载根目录)。

(2) /usr。该目录存放的数据属于可分享、不可变动的内容，但通过网络进行分区的挂载(如 NFS 服务器)可以分享给区域网络内的其他主机使用。因此，安装新软件时，尽量在现有目录下操作，不要随意为新软件创建专用目录。

(3) /var。该目录主要针对常态性变动的文件，包括高速缓存(Cache，全称为高速缓冲存储器)、登录文件(log file)以及某些软件运行所产生的文件，包括程序文件(lock file、run file)，或者数据库的文件等。

除此之外，常见的目录还有以下几种：

- /bin：存储常用用户指令。
- /boot：存放用于系统引导时使用的各种文件。
- /dev：存放设备文件。
- /etc：存放系统、服务的配置目录与文件。
- /home：存放用户家目录。
- /lib：存放库文件，如内核模块、共享库等。

处理目录的常用命令有 pwd、cd、ls、mkdir、rmdir 和 tree。

1. pwd 命令

pwd 是英文词组"print working directory"的缩写，该命令的功能是显示当前工作目录的路径，即显示所在位置的绝对路径。其语法格式如下：

pwd [参数]

pwd 命令常用参数及其作用如表 3-4 所示。

表 3-4　pwd 命令常用参数及其作用

参　数	作　用
-L (即逻辑路径 logical)	符号链接显示为逻辑路径
-P (即物理路径 physical)	符号链接显示为物理路径
-help	显示帮助并退出
-version	输出版本信息并退出

【例 3-5】显示当前工作目录，命令如下：

[root@localhost ~]# pwd

在终端界面输入以上命令，显示结果如下：

[root@localhost ~]# pwd

/root

[toot@localhost ~]#

在实际工作中，经常会在不同目录之间进行切换，为了防止"迷路"，可以使用 pwd 命令快速查看当前所处的工作目录路径，方便开展后续工作。

2. cd 命令

cd 是英文词组"change directory"的缩写，该命令的功能是更改当前所处的工作目录。路径可以是绝对路径，也可以是相对路径，若省略不写则会跳转至当前使用者的家目录。其语法格式如下：

cd [参数] [目录名]

cd 命令常用参数及其作用如表 3-5 所示。

表 3-5　cd 命令常用参数及其作用

参　数	作　用
-L	切换至符号链接所在的目录
-P	切换至符号链接对应的实际目录
-	切换至上次所在目录
~	切换至用户家目录
..	切换至当前位置的上一级目录

【例 3-6】切换到指定目录并查看，命令如下：

[root@localhost ~]# cd　　/etc/pki/CA/private/　　　　#更改到指定目录
[root@localhost ~]# pwd　　　　　　　　　　　　　#查看当前目录

在终端界面输入以上命令，显示结果如下：

```
[root@localhost ~]# cd
[root@localhost ~]# cd  /etc/pki/CA/private/
[root@localhost private]# pwd
/etc/pki/CA/private
[root@localhost private]#
```

3. ls 命令

ls 是英文单词"list"的缩写，译为"列出"，该命令的功能是显示目录中的文件及其属性信息，是最常用的 Linux 命令之一。其语法格式如下：

ls [参数] [文件名]

ls 命令常用参数及其作用如表 3-6 所示。

表 3-6　ls 命令常用参数及其作用

参　数	作　用
-a	显示所有文件及目录
-A	不显示当前目录和父目录
-d	显示目录自身的属性信息
-i	显示文件的 inode(索引节点)属性信息
-l	显示文件的详细属性信息
-m	以逗号为间隔符，水平显示文件信息
-r	依据首字母将文件以相反次序显示
-R	递归显示所有子文件
-S	依据内容大小将文件排序显示
-t	依据最后修改时间将文件排序显示
-X	依据扩展名将文件排序显示
--color	显示信息带有着色效果

【例 3-7】列出当前目录下包含的子目录与文件，命令如下：

[root@uniontech ~]# ls

在终端界面输入以上命令，显示结果如下：

```
[root@localhost ~]# ls
anaconda-ks.cfg  Documents   initial-setup-ks.cfg  Pictures
Desktop          Downloads   Music                 Videos
```

在不添加任何参数的情况下，ls 命令会列出当前工作目录中的文件信息，常与 cd 或 pwd 命令搭配使用；而带上参数后，则可以执行更多功能。

4. mkdir 命令

mkdir 是英文词组 "make directory" 的缩写，该命令的功能是创建目录文件。其使用方法简单，但需要注意的是，若要创建的目标目录已经存在，则会提示已存在而不继续创建，并且不覆盖已有文件；若目标目录不存在，但具有嵌套的依赖关系时，如/Dir1/Dir2/Dir3/Dir4/Dir5，要想一次性创建则需要使用-p 参数，进行递归操作。其语法格式如下：

mkdir [参数] 目录名

mkdir 命令常用参数及其作用如表 3-7 所示。

表 3-7　mkdir 命令常用参数及其作用

参　数	作　用
-m	创建目录的同时设置权限
-p	递归创建多级目录
-v	显示执行过程的详细信息
–z	设置目录安全上下文

【例 3-8】新建文件及新建多级文件，命令如下：

[root@uniontech uos]# mkdir a　　　　　　#新建文件夹

[root@uniontech uos]# mkdir b/c/d/e　　　　#不用-p 参数新建多级目录

在终端界面输入以上命令，显示结果如下：

```
[root@localhost uos]# mkdir a
[root@localhost uos]# ls
a
[root@localhost uos]# mkdir  b/c/d/e
mkdir: 无法创建目录 "b/c/d/e": 没有那个文件或目录
[root@localhost uos]# ▮
```

[root@uniontech ~]# mkdir -p b/c/d/e　　　#带上-p 参数，递归创建多级目录

使用-p 参数后，多级目录即可创建成功。

5. rmdir 命令

rmdir 是英文词组 "remove directory" 的缩写，该命令的功能是删除空目录文件。rmdir 命令仅能够删除空内容的目录文件，如果要删除非空目录，则需要使用带有-r 参数的 rm 命

令进行操作。rmdir 命令利用-p 参数可进行递归删除操作，但是这不意味着能删除目录中已有的文件，而是要求每个子目录都必须是空的。其语法格式如下：

rmdir [参数] 目录名

rmdir 命令常用参数及其作用如表 3-8 所示。

表 3-8　rmdir 命令常用参数及其作用

参　　数	作　　用
-r	递归处理所有子文件
-v	显示执行过程的详细信息
--help	显示帮助信息
--version	显示版本信息

【例 3-9】删除指定文件，命令如下：

[root@uniontech uos]# rmdir a　　　　　#删除指定文件夹

[root@uniontech uos]# ls　　　　　　　#查看是否删除成功

在终端界面输入以上命令，显示结果如下：

```
[root@uniontech uos]# rmdir a
[root@uniontech uos]# ls
[root@uniontech uos]#
```

6. tree 命令

tree 命令的功能是以树状图形的方式列出目录内容。使用 tree 命令可以很直接地看到目录下的内容，不用在进入每个目录后使用 ls 命令查看。其语法格式如下：

tree [参数]

tree 命令常用参数及其作用如表 3-9 所示。

表 3-9　tree 命令常用参数及其作用

参　　数	作　　用
-a	显示所有文件和目录
-A	使用 ASNI 绘图字符形式
-C	使用彩色显示
-d	仅显示目录名
-D	显示文件的更改时间
-f	显示完整的相对路径名
-F	显示每个文件的完整路径
-g	显示文件所属组名
-G	显示组名或 GID
-H	以更易读的格式输出信息

续表

参　数	作　用
-i	不使用阶梯状显示文件或目录名
-I	不显示符合范本样式的文件或目录名
-l	直接显示链接文件所指向的原始目录
-L	使用层级显示内容
-n	不在文件和目录清单上加色彩
-N	直接显示文件和目录名
-o	写入指定文件
-p	显示权限标示
-P	仅显示符合范本样式的文件或目录名
-q	用 "?" 号替代控制字符，显示文件和目录名
-s	显示文件或目录大小
-t	依据文件的更改时间排序
-T	设置标题和字符串
-u	显示文件或目录的所有者名
-x	将范围局限在现行的文件系统中
--help	显示帮助信息
--version	显示版本信息

【例 3-10】以树状图形显示目录内容，命令如下：

[root@uniontech ~]# tree

在终端界面输入以上命令，显示结果如下：

```
[root@localhost Desktop]# pwd
/root/Desktop
[root@localhost Desktop]# tree
.
├── dde-computer.desktop
├── dde-trash.desktop
├── firefox.desktop
└── wps-office-prometheus.desktop

0 directories, 4 files
[root@localhost Desktop]#
```

在功能上，tree 命令的作用类似于 ls -R 命令，可以帮助我们快速地了解目录的层级关系。

3.3.3　Linux 文件管理命令

Linux 目录配置的依据是文件系统目录标准(Filesystem Hierarchy Standard，FHS)。FHS 是一种用于标准化 Linux 系统中文件和目录布局的约定，它确保了在各种 Linux 发行版中，各个文件和目录的作用与功能都是一致的。通过遵循这种标准，可以使得用户更容易理解和管理 Linux 系统，同时也便于开发者编写软件和应用程序。FHS 定义了一系列规范和标准，包括 Linux 系统中各个目录的用途、访问权限和操作方式等，它将整个 Linux 文件系统分成了若干个不同的层次和角色。

本节将介绍 Linux 文件管理命令，如 touch、rm、cp 和 mv 等。

1. touch 命令

touch 命令的功能是创建空文件与修改时间戳。如果文件不存在，则会创建一个空内容的文本文件；如果文件已经存在，则会对文件的 ATIME(最近访问时间)和 CTIME(最近修改时间)进行修改。其语法格式如下：

touch [参数] 文件名

touch 命令常用参数及其作用如表 3-10 所示。

表 3-10　touch 命令常用参数及其作用

参　数	作　用
-a	设置文件的读取时间记录
-c	不创建新文件
-d	设置时间与日期
-m	设置文件的修改时间记录
-t	设置文件的时间记录，格式与 date 命令相同
--help	显示帮助信息
--version	显示版本信息

【例 3-11】新建文件与批量新建文件，命令如下：

```
[root@uniontech uos]# touch a.txt                #新建文件
[root@uniontech uos]# ls                          #查看是否新建成功
[root@uniontech uos]# touch yy    ee    bb        #批量新建文件
[root@uniontech uos]# ls                          #查看是否新建成功
```

在终端界面输入以上命令，显示结果如下：

```
[root@localhost uos]# touch a.txt
[root@localhost uos]# ls
a  a.txt  b  c
[root@localhost uos]# touch yy  ee bb
[root@localhost uos]# ls
a  a.txt  b  bb  c  ee  yy
[root@localhost uos]#
```

2. rm 命令

rm 是英文单词"remove"的缩写，译为"消除"，该命令的功能是删除文件或目录，一次可以删除多个文件，或递归删除目录及其内的所有子文件。其语法格式如下：

rm [参数] 文件名

rm 命令常用参数及其作用如表 3-11 所示。

表 3-11　rm 命令常用参数及其作用

参　　数	作　　用
-d	仅删除无子文件的空目录
-f	强制删除文件且不询问
-i	删除文件前询问用户是否确认
-r	递归删除目录及其内的全部子文件
-v	显示执行过程的详细信息
--help	显示帮助信息
--version	显示版本信息

【例 3-12】删除指定文件与目录，命令如下：

```
[root@uniontech uos]# rm    a.txt              #删除指定文件
[root@uniontech uos]# rm    tt/               #不用参数，尝试删除指定目录
[root@uniontech uos]# rm    -r   tt/           #使用-r 参数，删除指定目录
```

在终端界面输入以上命令，显示结果如下：

```
[root@localhost uos]# ls
a.txt  bb  c  ee  mima  passwd  pp  tt  yaya  yy
[root@localhost uos]# rm  a.txt
rm：是否删除普通文件 'a.txt'？yes
[root@localhost uos]# ls
bb  c  ee  mima  passwd  pp  tt  yaya  yy
[root@localhost uos]# rm tt/
rm: 无法删除 'tt/'：是一个目录
[root@localhost uos]# rm -r tt/
```

rm 也是一个很容易导致误操作的命令，使用的时候要特别小心，尤其新手更要格外注意，若执行 rm -rf /*命令，则会清空系统中所有的文件，甚至无法恢复。因此，在执行之前一定要再次确认在哪个目录中，到底要删除什么文件，考虑好后，再按下回车键。

3. cp 命令

cp 是英文单词"copy"的缩写，译为"复制"，该命令的功能是复制文件或目录。-r 参数用于递归操作，复制目录时若忘记添加该参数，则会直接报错，而-f 参数则用于当目标文件已存在时会直接覆盖不再询问，这两个参数尤为常用。cp 命令的语法格式如下：

cp [参数] 源文件名 目标文件名

cp 命令常用参数及其作用如表 3-12 所示。

表 3-12　cp 命令常用参数及其作用

参　　数	作　　用
-a	其功能等价于"pdr"参数组合的功能
-b	覆盖目标文件前，先进行备份
-d	复制链接文件时，将目标文件也建立为链接文件
-f	若目标文件已存在，则会直接覆盖
-i	若目标文件已存在，则会询问是否覆盖
-l	对源文件建立硬链接，而非复制文件
-p	保留源文件或目录的所有属性信息
-r	递归复制所有子文件
-s	对源文件建立软链接，而非复制文件
-v	显示执行过程的详细信息

【例 3-13】复制指定文件，命令如下：

[root@localhost ~]# cp /etc/passwd　　　　　　#复制指定文件到当前目录

[root@localhost ~]# ls　　　　　　　　　　　　#查看是否复制成功

在终端界面输入以上命令，显示结果如下：

```
[root@localhost uos]# cp  /etc/passwd   .
[root@localhost uos]# ls
a          file13.txt file21.txt file2.txt  file38.txt file46.txt file8.txt
a.txt      file14.txt file22.txt file30.txt file39.txt file47.txt file9.txt
b          file15.txt file23.txt file31.txt file3.txt  file48.txt passwd
bb         file16.txt file24.txt file32.txt file40.txt file49.txt yy
c          file17.txt file25.txt file33.txt file41.txt file4.txt
ee         file18.txt file26.txt file34.txt file42.txt file50.txt
file10.txt file19.txt file27.txt file35.txt file43.txt file5.txt
file11.txt file1.txt  file28.txt file36.txt file44.txt file6.txt
file12.txt file20.txt file29.txt file37.txt file45.txt file7.txt
[root@localhost uos]#
```

cp 命令能够将一个或多个文件或目录复制到指定位置，亦常用于文件的备份。

4. mv 命令

mv 是英文单词"move"的缩写，译为"移动"，该命令的功能与其含义相同，用于对文件进行剪切或重命名。cp 命令用于文件的复制操作，文件个数是增加的，而 mv 则为剪切操作，也就是对文件进行移动(搬家)，文件位置发生了变化，但总个数并无增加。 而在同一个目录内对文件进行剪切操作，实际可以理解成重命名操作。其语法格式如下：

mv [参数] 源文件名 目标文件名

mv 命令常用参数及其作用如表 3-13 所示。

表 3-13　mv 命令常用参数及其作用

参　　数	作　　用
-b	覆盖前，为目标文件创建备份
-f	强制覆盖目标文件而不询问
-i	覆盖目标文件前，询问用户是否确认
-n	不要覆盖已有文件
-u	当源文件比目标文件更新时，才执行覆盖操作
-v	显示执行过程的详细信息
-Z	设置文件安全上下文
--help	显示帮助信息
--version	显示版本信息

【例 3-14】移动指定目录，命令如下：

[root@localhost ~]# mv　a/　tt/　　　#移动指定目录 a 到 tt 目录下
[root@localhost ~]# ls tt/　　　　　#查看是否移动成功

在终端界面输入以上命令，显示结果如下：

```
[root@localhost uos]# ls
a  a.txt  b  bb  c  ee  mima  passwd  tt  yy
[root@localhost uos]# mv  a/  tt/
[root@localhost uos]# ls tt/
a            file15.txt  file22.txt  file2.txt   file37.txt  file44.txt  file5.txt
bb           file16.txt  file23.txt  file30.txt  file38.txt  file45.txt  file6.txt
ee           file17.txt  file24.txt  file31.txt  file39.txt  file46.txt  file7.txt
file10.txt   file18.txt  file25.txt  file32.txt  file3.txt   file47.txt  file8.txt
file11.txt   file19.txt  file26.txt  file33.txt  file40.txt  file48.txt  file9.txt
file12.txt   file1.txt   file27.txt  file34.txt  file41.txt  file49.txt
file13.txt   file20.txt  file28.txt  file35.txt  file42.txt  file4.txt
file14.txt   file21.txt  file29.txt  file36.txt  file43.txt  file50.txt
[root@localhost uos]#
```

mv 命令是一个被高频使用的文件管理命令，需要留意它与复制命令的区别。

5. dd 命令

dd 是英文词组"disk dump"的缩写，该命令的功能是拷贝及转换文件。其语法格式如下：

dd　参数　对象

dd 命令常用参数及其作用如表 3-14 所示。

表 3-14　dd 命令常用参数及其作用

参　　数	作　　用
-h	显示帮助信息
-v	显示版本信息

【例 3-15】拷贝及转换指定文件，命令如下：

[root@uniontech ~]# dd if=/dev/hdb of=/root/image　#全盘数据备份

使用 dd 命令可以按照指定的数据块大小来拷贝文件，并在拷贝的过程中对内容进行转换。在云端的 VPS(虚拟专用服务器)上，常使用 dd 命令来恢复之前备份的操作系统。

3.3.4　Linux 文件查看命令

Linux 提供了许多命令来查看文件的内容，包括 cat、more、head 和 tail 等，但是通过使用选项，即使是普通的命令也可以提供独特的功能。

1. cat 命令

cat 是英文单词"concatenate"的缩写，该命令的功能是在终端设备上显示文件内容。在 Linux 系统中有很多用于查看文件内容的命令，如 more、tail、head 等，每个命令都有各自的特点。cat 命令适合查看内容较少、纯文本的文件，其语法格式如下：

cat [参数] 文件名

cat 命令常用参数及其作用如表 3-15 所示。

表 3-15　cat 命令常用参数及其作用

参　　数	作　　用
-A	等价于"-vET"参数组合
-b	显示行数(空行不编号)
-e	等价于"-vE"参数组合
-E	在每行结束处显示"$"符号
-n	显示行数(空行也编号)
-s	显示行数(多个空行算一个编号)
-t	等价于"-vT"参数组合
-T	将 TAB 字符显示为"^I"符号
-v	显示非打印字符，使用"^"和"M-"符号表示字符
--help	显示帮助信息
--version	显示版本信息

【例 3-16】查看指定文件内容，命令如下：

[root@localhost ~]# cat /etc/shells

在终端界面输入以上命令，显示结果如下：

```
[root@localhost ~]# cat  /etc/shells
/bin/sh
/bin/bash
/usr/bin/sh
/usr/bin/bash
/usr/bin/tmux
/bin/tmux
[root@localhost ~]#
```

从以上结果可知，这个文件保存的是本机所包含的所有 Shell 版本。对于内容较多的文件，使用 cat 命令查看后会在屏幕上快速滚屏，用户往往看不清所显示的具体内容，只能按"Ctrl + c"键中断命令的执行。因此对于大文件，用 more 命令更合适。

2. more 命令

more 命令的功能是分页显示文本文件内容。如果文本文件中的内容较多、较长，使用 cat 命令读取后很难看清楚，这时使用 more 命令进行分页查看就更加合适。其语法格式如下：

more [参数] 文件名

more 命令常用参数及其作用如表 3-16 所示。

表 3-16　more 命令常用参数及其作用

参　　数	作　　用
-c	不滚屏，先显示内容再清除旧内容
-d	显示提醒信息，关闭响铃功能
-f	统计实际的行数，而非自动换行的行数
-l	将"^L"当作普通字符处理，而不暂停输出信息
-p	先清除屏幕再显示文本文件的剩余内容
-s	将多个空行压缩成一行显示
-u	禁止下画线
-数字	设置每屏显示的最大行数
+数字	设置从第 N 行开始显示内容
+/关键词	从指定关键词开始显示文件内容

【例 3-17】分页显示指定的文本文件内容，命令如下：

[root@localhost ~]# more /etc/passwd

在终端界面输入以上命令，显示结果如下：

```
[root@localhost ~]# more /etc/passwd
root:x:0:0:root:/root:/bin/bash
bin:x:1:1:bin:/bin:/sbin/nologin
daemon:x:2:2:daemon:/sbin:/sbin/nologin
adm:x:3:4:adm:/var/adm:/sbin/nologin
lp:x:4:7:lp:/var/spool/lpd:/sbin/nologin
sync:x:5:0:sync:/sbin:/bin/sync
shutdown:x:6:0:shutdown:/sbin:/sbin/shutdown
halt:x:7:0:halt:/sbin:/sbin/halt
mail:x:8:12:mail:/var/spool/mail:/sbin/nologin
operator:x:11:0:operator:/root:/sbin/nologin
games:x:12:100:games:/usr/games:/sbin/nologin
ftp:x:14:50:FTP User:/var/ftp:/sbin/nologin
nobody:x:65534:65534:Kernel Overflow User:/:/sbin/nologin
systemd-coredump:x:999:996:systemd Core Dumper:/:/sbin/nologin
systemd-network:x:192:192:systemd Network Management:/:/sbin/nologin
systemd-resolve:x:193:193:systemd Resolver:/:/sbin/nologin
systemd-timesync:x:998:995:systemd Time Synchronization:/:/sbin/nologin
unbound:x:997:994:Unbound DNS resolver:/etc/unbound:/sbin/nologin
dbus:x:81:81:D-Bus:/var/run/dbus:/sbin/nologin
sshd:x:74:74:Privilege-separated SSH:/var/empty/sshd:/sbin/nologin
tss:x:59:59:Account used for TPM access:/dev/null:/sbin/nologin
polkitd:x:996:993:User for polkitd:/:/sbin/nologin
rtkit:x:172:172:RealtimeKit:/proc:/sbin/nologin
pipewire:x:995:992:PipeWire System Daemon:/var/run/pipewire:/sbin/nologin
postfix:x:89:89::/var/spool/postfix:/sbin/nologin
lightdm:x:994:990::/var/lib/lightdm:/sbin/nologin
libstoragemgmt:x:993:989:daemon account for libstoragemgmt:/var/run/lsm:/sbin/nologin
pulse:x:171:171:PulseAudio System Daemon:/var/run/pulse:/sbin/nologin
geoclue:x:992:986:User for geoclue:/var/lib/geoclue:/sbin/nologin
pcp:x:991:985:PCP:/var/lib/pcp:/sbin/nologin
avahi:x:70:70:Avahi mDNS/DNS-SD Stack:/var/run/avahi-daemon:/sbin/nologin
avahi-autoipd:x:170:170:Avahi IPv4LL Stack:/var/lib/avahi-autoipd:/sbin/nologin
saslauth:x:990:76:Saslauthd user:/run/saslauthd:/sbin/nologin
firebird:x:989:984::/:/sbin/nologin
rpc:x:32:32:Rpcbind Daemon:/var/lib/rpcbind:/sbin/nologin
```

more 命令可以把文本内容一页一页地显示在终端界面上，用户每按一次回车键即向下移一行，每按一次空格键即向下翻一页，直至看完。

3. head 命令

head 命令用于查看文件的开始部分，默认显示文件前 10 行的内容，也可以通过指定参数来调整显示的行数。其语法格式如下：

head [参数] 文件名

head 命令常用参数及其作用如表 3-17 所示。

表 3-17　head 命令常用参数及其作用

参　　数	作　　用
-c	设置显示头部内容的字符数
-n	设置显示行数
-q	不显示文件名的头信息
-v	显示文件名的头信息
--help	显示帮助信息
--version	显示版本信息

【例 3-18】查看指定文件的开始部分,命令如下:

[root@localhost ~]# head   /etc/shadow

在终端界面输入以上命令,显示结果如下:

```
[root@localhost ~]# head /etc/shadow
root:$6$IUX0Plho.d0.tjt0$iGXlLGTqdIXff2/fkQ4TBJFqoSOvapL8Px95elgNS.jH/kq93JUhNWIC//Q.o2SGGTbNQ3amHzmLeAt/PfUC80:19551:0:90:7:::
bin:*:19488:0:99999:7:::
daemon:*:19488:0:99999:7:::
adm:*:19488:0:99999:7:::
lp:*:19488:0:99999:7:::
sync:*:19488:0:99999:7:::
shutdown:*:19488:0:99999:7:::
halt:*:19488:0:99999:7:::
mail:*:19488:0:99999:7:::
operator:*:19488:0:99999:7:::
```

从以上结果可知,该命令默认显示文件前 10 行的内容。

4. tail 命令

tail 命令的功能是查看文件尾部内容,默认会在终端界面上显示指定文件的末尾 10 行。如果指定了多个文件,则会在显示的每个文件内容前面加上文件名来加以区分。其语法格式如下:

tail [参数] 文件名

tail 命令常用参数及其作用如表 3-18 所示。

表 3-18　tail 命令常用参数及其作用

参　　数	作　　用
-c	设置显示文件尾部的字符数
-f	持续显示文件尾部的最新内容
-n	设置显示文件尾部的行数
--help	显示帮助信息
--pid	当指定 PID 进程结束时,自动退出命令
--retry	当文件无权限访问时,依然尝试打开
--version	显示版本信息

【例 3-19】查看指定文件的末尾内容,命令如下:

[root@localhost ~]# tail   /etc/shadow

在终端界面输入以上命令,显示结果如下:

```
[root@localhost ~]# tail /etc/shadow
dhcpd:!:19551::::::
deepin-sound-player:!:19551::::::
backuppc:!:19551::::::
pcpqa:!:19551::::::
pesign:!:19551::::::
dnsmasq:!!:19551:::::1:
grafana:!:19551::::::
rngd:!:19551::::::
tcpdump:!:19551::::::
wang::19551:0:90:7:::
[root@localhost ~]#
```

从以上结果可以看出，该命令默认显示文件后 10 行内容。-f 参数的作用是持续显示文件尾部的最新内容，类似于机场候机厅的大屏幕，总会将最新的消息展示给用户，对阅读日志文件尤为适合，不需要手动刷新。

5. wc 命令

wc 是英文词组"word count"的缩写，该命令的功能是统计文件的字节数、单词数、行数等信息，并将统计结果输出到终端界面。其语法格式如下：

wc [参数] 文件名

wc 命令常用参数及其作用如表 3-19 所示。

表 3-19　wc 命令常用参数及其作用

参　　数	作　　用
-c	统计字节数
-l	统计行数
-L	设置最长行的长度
-m	统计字符数
-w	统计单词数
--help	显示帮助信息
--version	显示版本信息

【例 3-20】统计指定文件的单词数量，命令如下：

[root@localhost ~]# wc　/etc/passwd

在终端界面输入以上命令，显示结果如下：

```
[root@localhost ~]# wc  /etc/passwd
  54  110 2869 /etc/passwd
[root@localhost ~]#
```

利用 wc 命令可以很快地计算出准确的单词数及行数，评估出文本的内容长度。要想了解一个文件的信息，可以先执行 wc 命令。

6. stat 命令

stat 是英文单词"status"的缩写，该命令的功能是显示文件的状态信息。Linux 系统中每个文件都有三个"历史时间"，分别为：最近访问时间(ATIME)、最近更改时间(MTIME)、最近改动时间(CTIME)，用户可以使用 stat 命令查看到它们，进而判断出有没有其他人修改过文件内容。tat 命令的语法格式如下：

stat [参数] 文件名

stat 命令常用参数及其作用如表 3-20 所示。

表 3-20　stat 命令常用参数及其作用

参　　数	作　　用
-c	设置显示格式
-f	显示文件系统信息
-L	支持符号链接
-t	设置以简洁方式显示
-Z	显示 SELinux 安全上下文
--help	显示帮助信息
--version	显示版本信息

【例 3-21】查看指定文件的状态信息(含 ATIME、MTIME 与 CTIME)，命令如下：

[root@localhost ~]# stat file1

在终端界面输入以上命令，显示结果如下：

```
[root@localhost test]# stat  file1
  文件：file1
  大小：0              块：0          IO 块：4096   普通空文件
设备：2bh/43d   Inode：193      硬链接：1
权限：(0644/-rw-r--r--)  Uid：(    0/    root)  Gid：(    0/    root
)
最近访问：2022-06-15 14:24:31.789039835 +0800
最近更改：2022-06-15 14:24:31.789039835 +0800
最近改动：2022-06-15 14:24:31.789039835 +0800
创建时间：-
[root@localhost test]#
```

注意：使用 touch 命令可以轻易地修改文件的 ATIME 和 MTIME，因此不要单纯地以文件历史时间作为判断系统有无被他人入侵的标准。

第 4 章

用户概述、文件权限与文本编辑

登录 Linux 需要用户账号和密码，不同的用户拥有不同的权限。在 Linux 环境下，可以通过多种方式来限制用户可使用的系统资源。

Linux 是一个多用户、多任务的操作系统，它具有很好的稳定性与安全性，在幕后保障 Linux 系统安全的则是一系列复杂的配置工作。本章将详细讲解文件的所有者、所属组以及其他人可以对文件进行的读(r)、写(w)、执行(x)等操作，以及如何在 Linux 系统中添加、删除、修改用户账户信息。同时，还可以通过使用 SUID、SGID 与 SBIT 等特殊权限来更加灵活地设置系统权限功能，从而弥补对文件设置一般操作权限时所带来的不足。隐藏权限能够给系统增加一层隐形的防护层，让黑客最多只能查看关键日志信息，而且不能进行修改或删除。而且利用文件的访问控制列表(Access Control List，ACL)可以进一步让单一用户、用户组对单一文件或目录具有特殊的权限，让文件具有能满足工作需求的最小权限。

4.1 用户概述

任何操作系统都存在用户的概念，Linux 也不例外。Linux 允许使用者在 Linux 系统上通过规划不同类型、不同层级的用户，并公平地分配系统资源与工作环境。与 Windows 系统最大的不同在于，Linux 允许不同的用户同时登录主机，同时使用主机的资源，因此 Linux 被称为多用户系统。

基于此情况，需要详细了解 Linux 对于用户身份的区分，才能更好地理解 Linux 作为多用户、多任务系统的优势，也才能使用 Linux 支持日常的开发工作。本节将介绍用户身份与对应权限，以及相关的基本命令。

4.1.1　用户身份与对应权限

设计 Linux 系统的初衷之一就是为了满足多个用户同时工作的需求，因此 Linux 系统必须具备很好的安全性。在第 2 章安装 UOS Server 操作系统时，特别要求设置 root 管理员密码，这个 root 管理员就是存在于所有类 UNIX 系统中的超级用户。它拥有最高的系统权限，能够管理系统的各项功能，如添加/删除用户、启动/关闭服务进程、开启/禁用硬件设备等。虽然以 root 管理员的身份工作时不会受到系统的限制，但是"能力越大，责任就越大"，因此一旦使用这个高能的 root 管理员权限执行了错误的命令可能会直接毁掉整个系统。是否使用 root 管理员权限，必须做好权衡。

Linux 系统的管理员之所以是 root，是因为该用户的身份号码即用户 ID(User Identification，UID)的数值为 0。在 Linux 系统中，UID 就相当于身份证号码一样，具有唯一性，因此可通过用户的 UID 值来判断用户身份。在 Linux 系统中，用户身份常见分类如表 4-1 所示。

表 4-1　用户身份常见分类

用户身份	UID 值	描　述
超级用户	UID=0	系统的管理员用户
系统用户	1≤UID<1000	Linux 系统为了避免因某个服务程序出现漏洞而被黑客提权至整台服务器，默认服务程序会有独立的系统用户负责运行，进而有效控制被破坏的范围
普通用户	UID≥1000	由管理员创建的用于日常工作的用户

注意：UID 是不能冲突的，而且管理员创建的普通用户的 UID 默认是从 1000 开始的(即使前面有闲置的号码)。

4.1.2　用户信息相关命令

用户信息相关命令包含 who、id、useradd 和 passwd 等。

1. who 命令

who 来自英文单词"who"，该命令的功能是显示已登录用户的信息。运维人员只需要在命令终端中按下"w"键和回车键，即可查看到当前系统中已登录的用户列表和他们正在执行的命令等信息，从而更好地了解系统正在执行的工作，以及在重启或关闭服务器时，可以避免突然中断他人工作。其语法格式如下：

who [参数]

who 命令常用参数及其作用如表 4-2 所示。

表 4-2　who 命令常用参数及其作用

参　　数	作　　用
-f	显示用户登录来源
-h	不显示头信息
-I	显示 IP 地址而不是主机名
-l	显示执行过程的详细信息
-o	使用老式输出格式
-s	使用短输出格式
-u	忽略指定用户名
-v	显示版本信息
--help	显示帮助信息

【例 4-1】显示目前登录系统的用户信息(默认格式)，命令如下：

[root@localhost ~]# who

在终端界面输入以上命令，显示结果如下：

```
[root@localhost ~]# who
uos      tty1          2022-06-14 14:57 (:0)
root     pts/0         2022-06-14 14:57 (192.168.122.1)
```

使用 who 命令也可以查询当前登录用户的情况，可提供更多细节。

2. id 命令

id 命令用于显示用户以及所属群组的实际与有效 ID。若两个 ID 相同，则仅显示实际 ID；若指定用户名称，则显示目前用户的 ID。该命令也用于显示用户的 UID、GID(Group ID，组 ID)以及附属于用户的所有 GID。其语法格式如下：

id [参数] 用户名

id 命令常用参数及其作用如表 4-3 所示。

表 4-3　id 命令常用参数及其作用

参　　数	作　　用
-g	显示用户所属基本组的 ID
-G	显示用户所属扩展组的 ID
-n	显示用户所属基本组或扩展组的名称
-u	显示用户的 ID
-Z	显示用户的安全上下文
--help	显示帮助信息
--version	显示版本信息

【例 4-2】显示 root 用户的身份信息，命令如下：

[root@localhost ~]# id root

在终端界面输入以上命令，显示结果如下：

```
[root@uniontech ~]# id root
用户id=0(root) 组id=0(root) 组=0(root)
[root@uniontech ~]#
```

UID 是指用户身份的唯一识别号码，而 GID 则指用户组的唯一识别号码。用户仅有一个基本组，但可以有多个扩展组。可以将多个用户加入到同一个组中，方便为组中的用户统一规划权限或指定任务。

3. useradd 命令

useradd 命令用于创建并设置用户信息。使用 useradd 命令可以自动地完成创建用户的信息、基本组、家目录等工作，并在创建的过程中对用户初始信息进行定制。其语法格式如下：

useradd [参数] 用户名

useradd 命令常用参数及其作用如表 4-4 所示。

表 4-4　useradd 命令常用参数及其作用

参　数	作　用
-c	添加备注信息
-d	指定有效主目录
-g	指定基本组
-G	指定扩展组
-n	取消以用户为名的组
-s	指定登录 Shell
-u	指定用户 ID

【例 4-3】创建新用户 lily 并查看，命令如下：

[root@localhost ~]# useradd lily　　　　　　#创建名为 lily 的新用户

[root@localhost ~]# tail -1 /etc/passwd　　　#查看/etc/passwd 文件是否已更新

在终端界面输入以上命令，显示结果如下：

```
[root@localhost ~]# useradd lily
[root@localhost ~]# vim /etc/passwd
[root@localhost ~]# tail -1 /etc/passwd
lily:x:1001:1001::/home/lily:/bin/bash
[root@localhost ~]#
```

【例 4-4】创建新用户 alex 并查看，命令如下：

[root@localhost ~]# useradd -u 1200 -d /tmp/uu -g admin -G stu -s /sbin/nologin -c 'is a test'
alex　　　　　　　　　　　　　　　　　　　#创建名为 alex 的新用户

[root@localhost ~]# tail -2 /etc/passwd　　　　　　#查看/etc/passwd 文件是否已更新

在终端界面输入以上命令，显示结果如下：

```
[root@localhost ~]# tail -2 /etc/passwd
lily:x:1001:1001::/home/lily:/bin/bash
alex:x:1200:1002:is a test:/tmp/uu:/sbin/nologin
[root@localhost ~]#
```

【例 4-5】创建新用户并查找，命令如下：

[root@localhost ~]# useradd uos01　　　　　　#创建名为 uos01 的新用户
[root@localhost ~]# useradd uos02　　　　　　#创建名为 uos02 的新用户
[root@localhost ~]# grep uos /etc/passwd　　　#查找用户名中包含 uos 的用户

在终端界面输入以上命令，显示结果如下：

```
[root@localhost ~]# useradd uos01
[root@localhost ~]# useradd uos02
[root@localhost ~]# grep uos /etc/passwd
uos:x:1000:1000:uos:/home/uos:/bin/bash
uos01:x:1301:1301::/home/uos01:/bin/bash
uos02:x:1302:1302::/home/uos02:/bin/bash
[root@localhost ~]# grep uos0 /etc/passwd
```

若使用 useradd 命令时不加参数选项，而是后面直接跟所添加的用户名，则系统会读取配置文件/etc/login.defs 和/etc/default/useradd 中所配置的信息，建立用户的家目录，并复制/etc/skel 中的所有文件(包括隐藏的环境配置文件)到新用户的家目录中。

4. passwd 命令

passwd 是英文单词"password"的缩写，该命令用于修改用户的密码值，也可以对用户进行锁定等操作。其常用格式如下：

passwd [参数] 用户名

passwd 命令常用参数及其作用如表 4-5 所示。

表 4-5　passwd 命令常用参数及其作用

参　　数	作　　　　用
-d	清除已有密码
-e	下次登录时强制修改密码
-f	强制执行操作而不询问
-k	设置用户在密码有效期满后能仍能正常使用
-l	锁定用户的密码值，且不允许修改
-n	设置最小密码有效期
-s	显示当前的密码状态
-u	解锁用户的密码值，允许修改
-w	设置密码到期前几天收到警告信息
-x	设置最大密码有效期
--help	显示帮助信息
--usage	显示简短的使用信息提示

【例 4-6】修改当前登录用户的密码，命令如下：

[root@localhost ~]# useradd jim   #创建名为 jim 的新用户

[root@localhost ~]# passwd jim   #更改 jim 用户的密码

在终端界面输入以上命令，显示结果如下：

```
[root@localhost ~]# useradd jim
[root@localhost ~]# passwd jim
更改用户 jim 的密码 。
新的 密码 :
[root@localhost ~]# passwd
更改用户 root 的密码 。
新的 密码 :█
```

注意：只有管理员(root 用户)才可以执行 passwd 命令。

5. userdel 命令

userdel 是英文词组"user delete"的缩写，该命令的功能是删除用户账号信息。其语法格式如下：

userdel [参数] 用户名

userdel 命令常用参数及其作用如表 4-6 所示。

表 4-6 userdel 命令常用参数及其作用

参　数	作　用
-f	强制删除用户的账号信息而不询问
-h	显示帮助信息
-r	删除用户的家目录及其内的全部子文件
-Z	删除用户的 SELinux 映射用户

【例 4-7】删除指定的用户账户信息，命令如下：

[root@localhost ~]# grep uos0 /etc/passwd #查找用户名中包含 uos0 的用户

[root@localhost ~]# ls /home/   #查看/home 目录下是否有对应的目录

[root@localhost ~]# userdel uos01   #删除名为 uos01 的用户

[root@localhost ~]# ls /home/   #查看/home 目录下是否有对应的目录

[root@localhost ~]# userdel -r uos02 #用-r 参数删除名为 uos02 的用户

[root@localhost ~]# ls /home/   #查看/home 目录下是否有对应的目录

在终端界面输入以上命令，显示结果如下：

```
[root@localhost ~]# grep uos0 /etc/passwd
uos01:x:1301:1301:::/home/uos01:/bin/bash
uos02:x:1302:1302:::/home/uos02:/bin/bash
[root@localhost ~]# ls /home/
jim  lily  uos  uos01  uos02
[root@localhost ~]# userdel uos01
[root@localhost ~]# id uos01
id: "uos01": 无此用户
[root@localhost ~]# ls /home/
jim  lily  uos  uos01  uos02
[root@localhost ~]# userdel -r uos02
[root@localhost ~]# id uos01
id: "uos01": 无此用户
[root@localhost ~]# id uos02
id: "uos02": 无此用户
[root@localhost ~]# ls /home/
```

Linux 系统中用户信息被保存到了/etc/passwd、/etc/shadow 以及/etc/group 文件中，因此使用 userdel 命令实际就是删除了指定用户在这 3 个文件中的对应信息。

6. usermod 命令

usermod 是英文词组"user modify"的缩写，该命令用于修改用户账号中的各项参数。修改用户账号就是根据实际情况更改用户的有关属性，如用户号、主目录、用户组、登录 Shell 等。其语法格式如下：

usermod [参数] 用户名

usermod 命令常用参数及其作用如表 4-7 所示。

表 4-7　usermod 命令常用参数及其作用

参　数	作　　用
-a	将用户添加至扩展组中
-c	修改用户账号的备注文字
-d	修改用户登录时的家目录
-e	修改用户账号的有效期限
-f	设置在密码过期后多少天关闭该账号
-g	修改用户所属的基本群
-G	修改用户所属的扩展群
-l	修改用户账号名称
-L	锁定用户密码，使密码立即失效
-m	将用户主目录内容移动到新位置
-o	允许重复的用户 ID
-p	设置用户的新密码
-s	修改用户登录后使用的 Shell 终端
-u	修改用户账号的 ID
-U	解除密码锁定，使密码恢复正常
-Z	设置用户账号的 SELinux 映射用户

【例 4-8】修改指定用户的信息，命令如下：

```
[root@localhost ~]# tail -2 /etc/passwd          #查看最新添加的用户
[root@localhost ~]# usermod -u 1300 -d /tmp/yaya -g test01 -s /bin/bash alex
                                                 #修改用户名为 alex 的用户信息
[root@localhost ~]# tail -2 /etc/passwd          #查看更新后的用户信息
[root@localhost ~]# id alex                      #查看用户名为 alex 的用户
```

在终端界面输入以上命令，显示结果如下：

```
[root@localhost ~]# tail -2 /etc/passwd
alex:x:1200:1002:is a test:/tmp/uu:/sbin/nologin
jim:x:1201:1201::/home/jim:/bin/bash
[root@localhost ~]# usermod  -u 1300  -d /tmp/yaya  -g  test01 -s /bin/bash
alex
[root@localhost ~]# tail -2 /etc/passwd
alex:x:1300:1202:is a test:/tmp/yaya:/bin/bash
jim:x:1201:1201::/home/jim:/bin/bash
[root@localhost ~]# id haha
id: "haha"：无此用户
[root@localhost ~]# id alex
用户 id=1300(alex) 组 id=1202(test01) 组 =1202(test01),1003(stu)
[root@localhost ~]#
```

如果在创建用户后才发现信息错误，不是将其删除再重新建立，而是可以用 usermod 命令直接修改用户信息，并且参数会立即生效。

7. su 命令

su 是英文单词"switch user"的缩写，该命令用于切换用户身份。另外，若添加单个"-"参数，则为完全的身份变更，不保留任何之前用户的环境变量信息。管理员切换至任意用户身份而无须密码验证，而普通用户切换至任意用户身份均需密码验证。其语法格式如下：

su [参数] 用户名

su 命令常用参数及其作用如表 4-8 所示。

表 4-8 su 命令常用参数及其作用

参 数	作 用
--	完全的切换身份
-c	执行完指令后，自动恢复原来的身份
-f	不读取启动文件(适用于 csh 和 tsch)
-l	切换身份时，也同时变更工作目录
-m	切换身份时，不变更环境变量
-s	设置要执行的 Shell 终端
--help	显示帮助信息
--version	显示版本信息

【例 4-9】切换至指定用户身份，命令如下：

```
[root@localhost ~]# su wang          #切换至普通用户 wang
[wang@localhost ~]$ su               #切换回管理员
```

在终端界面输入以上命令，显示结果如下：

```
[root@uniontech ~]# su wang

Welcome to 5.10.0-46.uel20.x86_64

System information as of time:              2023年 11月 09日 星期四 09:58:25 CST

System load:              1.28
Processes:                270
Memory used:              36.2%
Swap used:                0.0%
Usage On:                 24%
Users online:             1
To run a command as administrator(user "root"),use "sudo <command>".
[wang@uniontech root]$ su
密码：

Welcome to 5.10.0-46.uel20.x86_64

System information as of time:              2023年 11月 09日 星期四 09:58:36 CST

System load:              1.08
Processes:                272
Memory used:              36.3%
Swap used:                0.0%
Usage On:                 24%
Users online:             1

[root@uniontech ~]#
```

注意：使用 su 命令时，有"-"和没有"-"是完全不同的，"-"选项表示在切换用户身份的同时，连同当前使用的环境变量也切换成指定用户的。而环境变量是用来定义操作系统环境的，因此如果系统环境没有随用户身份切换，很多命令就无法正确执行。

例如，普通用户 lamp 通过 su 命令切换成 root 用户，但没有使用"-"选项，这时虽然看似是 root 用户，但系统中的环境变量$PATH 依然是 lamp 的(而不是 root 的)。因此，在当前工作环境中，并不包含/sbin、/usr/sbin 等超级用户命令的保存路径，这就导致很多管理员命令根本无法执行。而且，当 root 用户接收邮件时，会发现收到的是 lamp 用户的邮件，因为环境变量$MAIL 也没有切换。

通过以下示例可以直观地看到有无"-"参数的区别。

```
lamp
#查询用户身份，我是lamp
[lamp@localhost ~]$ su root
密码：
<-输入root密码
#切换到root，但是没有切换环境变量。注意：普通用户切换到root需要密码
[root@localhost ~]# env | grep lamp
#查看环境变量，提取包含lamp的行
USER=lamp
#用户名还是lamp，而不是root
PATH=/usr/lib/qt-3.3/bin:/usr/local/bin:/bin:/usr/bin:/usr/local/sbin:/usr/sbin:/sbin:/home/lamp/bin
#命令查找的路径不包含超级用户路径
MAIL=/var/spool/mail/lamp
PWD=/home/lamp
LOGNAME=lamp
#邮箱、主目录、目前用户名还是lamp
```

从以上结果中可以看到，在不使用"-"的情况下，虽然用户身份切换成功了，但环境变量依旧是原用户的，切换并不完整。

因此，获取管理员权限有两种方法：一种方法是利用 su 命令切换到 root 用户，再在 root 用户下对那些文件进行修改，完成相关配置工作；另一种方法是利用 su 命令切换到 root 用户，修改/etc/sudoers 文件，让普通用户具有 sudo 权限，然后利用 su 命令切换回普通用户，在执行相关命令前加上 sudo，让授权的普通用户能够以管理员权限执行命令。

4.2 组管理

Linux 作为多用户系统，如何区分对于同一文件不同用户的权限问题成了不可避免的问题。Linux 以"用户与用户组"的概念，建立用户与文件权限之间的联系，保护了每个用户的隐私，很大程度上保障了 Linux 作为多用户系统的可行性。可以说，"用户与用户组"与文件权限息息相关。因此，从文件权限的角度出发，"用户与用户组"引申为 3 个具体的对象——文件所有者、用户组成员和其他人。其中的每一个对象对某一个文件的持有权限是不同的。

若一个用户创建了一个文件，则这个用户就是这个文件的文件所有者。在文件所有者占有文件之后，需要文件所有者对其他用户开放权限，其他用户才能查看、修改文件。其他用户包含用户组成员和其他人，若文件所有者希望对部分用户开放权限，而对其他人继续保持私有，则只需要将这部分用户与文件所有者划入一个用户组。这样，这部分用户就成了与文件所有者同组的用户组成员。若用户对用户组成员开放文件权限，用户组成员则具备了查看、修改文件的权限，而对其他无关用户保持私有。其他人就是与文件所有者没有任何联系的其他用户。

通过使用用户组 ID(GID)，可以把多个用户加入到同一个组中，从而方便为组中的用户统一规划权限或指定任务。假设一个公司有多个部门，每个部门又有很多员工，如果只想让员工访问本部门内的资源，则可以针对部门而非具体的员工来设置权限。例如，可以通过对技术部门设置权限，使得只有技术部门的员工可以访问公司的数据库信息等。

另外，在 Linux 系统中创建每个用户时，将自动创建一个与其同名的用户基本组，而且这个用户基本组只有该用户一个人。如果该用户以后被归入其他用户组，则这个其他用户组称为用户扩展组。一个用户只有一个用户基本组，但是可以有多个用户扩展组，以便满足日常的工作需要。

与用户组相关的命令有 groupadd、gpasswd、groupdel 和 groupmod 等。

1. groupadd 命令

groupadd 来自英文词组 "group add"，该命令用于创建新的用户组。其语法格式如下：

groupadd [参数] 用户组

groupadd 命令常用参数及其作用如表 4-9 所示。

表 4-9　groupadd 命令常用参数及其作用

参　数	作　用
-f	若用户组已存在，则以成功状态退出
-g	设置用户组 ID
-h	显示帮助信息
-k	覆盖配置文件/etc/login.defs
-o	允许创建重复 ID 的用户组
-p	设置用户组密码
-r	创建系统用户组

【例 4-10】创建新的用户组，命令如下：

[root@localhost ~]# groupadd admin　　　　　　　#创建名为 admin 的组
[root@localhost ~]# groupadd stu　　　　　　　　#创建名为 stu 的组

在终端界面输入以上命令，显示结果如下：

```
[root@localhost ~]# groupadd admin
[root@localhost ~]# groupadd stu
[root@localhost ~]#
```

每个用户在创建时都有一个与其同名的基本组，后期可以使用 groupadd 命令创建出新的用户组信息，让多个用户加入到指定的扩展组中，为后续的工作提供了良好的文档共享环境。

2. gpasswd 命令

gpasswd 是英文词组"group password"的缩写，该命令用于管理用户组。其语法格式如下：

gpasswd [参数] 用户组名

gpasswd 命令常用参数及其作用如表 4-10 所示。

表 4-10　gpasswd 命令常用参数及其作用

参　数	作　用
-a	添加用户到指定组
-A	设置管理员
-d	从组中删除用户
-M	设置组成员
-r	删除组密码
-R	限制用户登录组

【例 4-11】将指定用户加入指定用户组，命令如下：

```
[root@localhost ~]# groupadd -g 1111 g02          #创建新组，名为 g02
[root@localhost ~]# grep g0 /etc/group            #查看以 g0 开头的组
[root@localhost ~]# useradd u01                    #创建名为 u01 的用户
[root@localhost ~]# useradd u02                    #创建名为 u02 的用户
[root@localhost ~]# useradd u03                    #创建名为 u03 的用户
[root@localhost ~]# gpasswd -a u01 g01            #将用户 u01 加入组 g01
[root@localhost ~]# gpasswd -a u02 g01            #将用户 u02 加入组 g01
[root@localhost ~]# gpasswd -a u03 g01            #将用户 u03 加入组 g01
```

在终端界面输入以上命令，显示结果如下：

```
[root@localhost ~]# groupadd  -g  1111 g02
[root@localhost ~]# grep g0 /etc/group
g01:x:1203:
g02:x:1111:
[root@localhost ~]# useradd u01
[root@localhost ~]# useradd u02
[root@localhost ~]# useradd u03
[root@localhost ~]# g01^C
[root@localhost ~]# gpasswd -a u01 g01
正在将用户"u01"加入到"g01"组中
[root@localhost ~]# grep g0 /etc/group
g01:x:1203:u01
g02:x:1111:
[root@localhost ~]# gpasswd -a u02 g01
正在将用户"u02"加入到"g01"组中
[root@localhost ~]# gpasswd -a u03 g01
```

【例 4-12】将指定用户从指定组中删除，命令如下：

```
[root@localhost ~]# grep g0 /etc/group            #查看以 g0 开头的组
[root@localhost ~]# gpasswd -d u01 g01            #将用户 u01 从组 g01 中删除
[root@localhost ~]# grep g0 /etc/group            #验证是否删除成功
```

在终端界面输入以上命令，显示结果如下：

```
[root@localhost ~]# grep g0 /etc/group
g01:x:1203:u01,u02,u03
g02:x:1111:
[root@localhost ~]# gpasswd -d  u01 g01
正在将用户"u01"从"g01"组中删除
[root@localhost ~]# grep g0 /etc/group
g01:x:1203:u02,u03
g02:x:1111:
[root@localhost ~]# ls -l /etc/gshadow
---------- 1 root root 946  6月 15 13:37 /etc/gshadow
[root@localhost ~]# ls -l /etc/shadow
---------- 1 root root 1548  6月 15 13:36 /etc/shadow
[root@localhost ~]# vim /etc/gshadow
```

用户可以使用 gpasswd 命令对用户组进行充分管理，如设置/删除密码、添加/删除组成员、设置组管理员/普通成员等，从而提高日常工作中对用户组的管理效率。

3. groupdel 命令

groupdel 是英文词组 "delete a group" 的缩写，该命令用于删除用户组。其语法格式如下：

groupdel [参数] 群组名

groupdel 命令常用参数及其作用如表 4-11 所示。

表 4-11　groupdel 命令常用参数及其作用

参　数	作　用
-f	强制删除且不询问
-h	显示帮助信息

【例 4-13】删除指定名称的用户组，命令如下：

[root@localhost ~]# grep g0 /etc/group	#查看以 g0 开头的组
[root@localhost ~]# grep group3 /etc/group	#查看以 group3 开头的组
[root@localhost ~]# groupdel group3	#删除名为 group3 的组
[root@localhost ~]# grep group3 /etc/group	#查看是否删除成功
[root@localhost ~]# groupdel g01	#删除名为 g01 的组
[root@localhost ~]# grep group3 /etc/group	#查看是否删除成功

在终端界面输入以上命令，显示结果如下：

```
[root@localhost ~]# grep g0 /etc/group
g01:x:1203:u02,u03
[root@localhost ~]# grep group3 /etc/group
group3:x:1500:
[root@localhost ~]# groupdel  group3
[root@localhost ~]# grep group3 /etc/group
[root@localhost ~]# groupdel  g01
[root@localhost ~]# grep g0 /etc/group
[root@localhost ~]#
```

Linux 系统中的用户组信息被保存在/ect/group 和/ect/gshadow 文件中。我们可以手动删除对应信息，亦可以用 groupdel 命令删除。

4. groupmod 命令

groupmod 是英文词组 "group modify" 的缩写，该命令用于更改群组属性。其语法格式如下：

groupmod 参数　群组名

groupmod 命令常用参数及其作用如表 4-12 所示。

表 4-12　groupmod 命令常用参数及其作用

参　数	作　用
-g	设置群组识别码
-h	显示帮助信息
-n	设置群组名称
-o	允许重复使用群组识别码
-p	设置群组密码

【例 4-14】修改指定群组属性，命令如下：

[root@localhost ~]# grep g0 /etc/group   #查看以 g0 开头的组

[root@localhost ~]# groupmod -g 1500 g02   #将 g02 的组 ID 改为 1500

[root@localhost ~]# grep g0 /etc/group   #查看是否修改成功

在终端界面输入以上命令，显示结果如下：

```
[root@localhost ~]# grep g0 /etc/group
g01:x:1203:u02,u03
g02:x:1111:
[root@localhost ~]# groupmod -g 1500 g02
[root@localhost ~]# grep g0 /etc/group
g01:x:1203:u02,u03
g02:x:1500:
[root@localhost ~]#
```

Linux 系统中的群组信息一般不建议更改，因为涉及已加入用户的归属问题，尤其是群组名称和组 ID。

4.3   文件权限和归属

在 Linux 文件系统的安全模型中，为系统中的文件赋予了两个属性，即访问权限和文件所有者，简称"权限"和"归属"。其中，访问权限包括读取、写入和可执行 3 种基本类型，归属包括属主(拥有该文件的用户账号)和属组(拥有该文件的组账号)。Linux 系统就是根据文件和目录的访问权限、归属来对用户访问数据的过程进行控制。文件权限定义了对文件的访问级别，也确保了只有经过授权的用户才能对文件进行操作，从而提高系统的安全性。

4.3.1   文件类型和权限

Linux 中一切皆为文件，文件类型也有多种。通过 ls -1 命令可以查看文件的属性信息，其中行首的第一个字符即代表该文件的文件类型。Linux 系统中共有 7 种文件类型，这 7 种文件类型及其对应的字符如表 4-13 所示。

表 4-13   文件类型及其对应的字符

字　符	类　型
-	普通文件
d	目录文件
l	软链接文件
p	进程间相互通信的文件，即管道文件
s	socket 通信套接字文件(通常用于网络数据连接)
c	字符设备文件(如键盘、鼠标、终端等，通常放在/dev 下)
b	块设备文件(存储数据设备文件，如硬盘)

在 Linux 中，文件权限用一串字符来表示，共有 10 个字符，可以将其分为 4 个部分，即文件类型、用户权限、组权限和其他权限。例如，文件权限为- rwxrwxrwx。

文件权限中 10 个字符的含义如下：

- 第 1 个字符：文件类型，如文件类型中的 -(普通文件)和 d(目录)。
- 第 2 至第 4 个字符：用户权限，即文件所有者对文件的权限。
- 第 5 至第 7 个字符：组权限，即文件所属组的用户对文件的权限。
- 最后的 3 个字符：其他权限，即其他用户对文件的权限。

每个权限字符有 r(读取)、w(写入)、x(执行)和-(无权限)4 种。

- r：允许读取文件内容、查看目录内容。
- w：允许修改文件内容、在该目录中创建和删除文件。
- x：对于文件，允许执行文件；对于目录，允许进入该目录。
- -：没有相应的权限。

文件权限可以分为 3 种，即用户权限、组权限和其他权限。

- 用户权限：文件的所有者对文件的权限。文件的所有者可以是系统中的任何用户。
- 组权限：文件所属组中的用户对文件的权限。每个文件都会关联一个所属组。
- 其他权限：不属于文件所有者和所属组的用户对文件的权限。

在命令格式中，字母 r、w、x 对应的数字分别为 4、2、1，也就是二进制的第 1、2、3 位，分别是 2 的 0 次方、1 次方、2 次方，因此文件权限的字符与数字表示的对应关系如表 4-14 所示。

表 4-14 文件权限的字符与数字表示的对应关系

字符表示	数字表示	权　　限
读权限 r	4	允许查看文件内容
写权限 w	2	允许修改文件内容
可执行 x	1	允许运行程序
无权限 -	0	没有任何权限

例如，drwxr-xr-x 表示一个权限为 755 的目录，-rw-r--r--表示一个权限为 644 的文件。

4.3.2 设置文件权限命令

与文件权限相关的命令主要有 chmod 和 chown。

1. chmod 命令

chmod 是英文词组"change mode"的缩写，该命令用于改变文件或目录权限。默认只有文件的所有者和管理员可以设置文件权限，普通用户只能管理自己文件的权限属性。通过两种方式来指定权限设置，分别为权限符号表示法和权限数字表示法。

chmod 命令常用参数及其作用如表 4-15 所示。

表 4-15　chmod 命令常用参数及其作用

参　数	作　用
-R	以递归的方式设置目录及目录下的所有子目录和文件的权限
u	属主
g	属组
o	其他人
a	所有人
+	添加
-	删除
=	重置
nnn	数字权限，使用三位数字参数指定权限，每个数字是一个八进制数

【例 4-15】查看指定目录的权限并修改相关权限，命令如下：

[root@localhost ~]# ls -ld dir/   #查看 dir 目录的权限信息

[root@localhost ~]# chmod u-w dir/   #去掉 dir 目录所属用户的写权限

[root@localhost ~]# ls -ld dir/   #查看是否修改成功

[root@localhost ~]# chmod g+w dir/   #添加 dir 目录所属组的写权限

[root@localhost ~]# ls -ld dir/   #查看是否修改成功

[root@localhost ~]# chmod o=--- dir/   #去掉 dir 目录其他用户的全部权限

[root@localhost ~]# ls -ld dir/   #查看是否修改成功

在终端界面输入以上命令，显示结果如下：

```
[root@localhost test]# ls -ld dir/
drwxr-xr-x 2 root root 40  6月  15 15:20 dir/
[root@localhost test]# chmod u-w  dir/
[root@localhost test]# ls -ld dir/
dr-xr-xr-x 2 root root 40  6月  15 15:20 dir/
[root@localhost test]# chmod g+w dir/
[root@localhost test]# ls -ld dir/
dr-xrwxr-x 2 root root 40  6月  15 15:20 dir/
[root@localhost test]# chmod o=--- dir/
[root@localhost test]# ls -ld dir/
dr-xrwx--- 2 root root 40  6月  15 15:20 dir/
[root@localhost test]#
```

【例 4-16】查看指定目录权限并修改，命令如下：

[root@localhost ~]# ls -ld dir/   #查看 dir 目录的权限信息

[root@localhost ~]# chmod u=rwx,g=rx,o=r dir/ #修改 dir 目录的权限

[root@localhost ~]# ls -ld dir/   #查看是否修改成功

[root@localhost ~]# chmod a=rwx dir/   #开放 dir 目录全部权限

[root@localhost ~]# ls -ld dir/   #查看是否修改成功

在终端界面输入以上命令，显示结果如下：

```
[root@localhost test]# ls -ld dir/
dr-xrwx--- 2 root root 40  6月 15 15:20 dir/
[root@localhost test]# chmod u=rwx,g=rx,o=r  dir/
[root@localhost test]# ls -ld dir/
drwxr-xr-- 2 root root 40  6月 15 15:20 dir/
[root@localhost test]# chmod a=rwx dir/
[root@localhost test]# ls -ld dir/
drwxrwxrwx 2 root root 40  6月 15 15:20 dir/
[root@localhost test]#
```

【例 4-17】用数字法修改指定目录权限，命令如下：

[root@localhost ~]# chmod 755 dir/　　　　　#用数字法修改 dir 目录的权限

[root@localhost ~]# ls -ld dir/　　　　　　　#查看是否修改成功

在终端界面输入以上命令，显示结果如下：

```
[root@localhost test]# chmod 755 dir/
[root@localhost test]# ls -ld dir/
drwxr-xr-x 2 root root 40  6月 15 15:20 dir/
[root@localhost test]#
```

对于目录文件，建议加入-R 参数进行递归操作，意味着不仅对于目录本身，也对目录内的子文件/目录都进行新权限的设定。

2. chown 命令

chown 是英文词组"change owner"的缩写，该命令用于改变文件或目录的用户和用户组信息。其语法格式如下：

chown [参数] 所属主:所属组 文件名

chown 命令常用参数及其作用如表 4-16 所示。

表 4-16　chown 命令常用参数及其作用

参　数	作　　用
-c	显示所属变更信息
-f	该文件拥有者无法被更改，也不显示错误
-h	仅对链接文件进行更改，而非真正指向的文件
-P	不遍历任何符号链接
-R	递归处理所有子文件
-v	显示执行过程的详细信息
--help	显示帮助信息
--no-preserve-root	不特殊对待根目录
--preserve-root	不允许在根目录上执行递归操作
--version	显示版本信息

【例 4-18】改变指定文件的所属主，命令如下：

[root@localhost ~]# chown u01 dir/　　　　　　　#修改 dir 目录的属主为 u01

[root@localhost ~]# ls -ld dir/　　　　　　　　　#查看是否修改成功

在终端界面输入以上命令，显示结果如下：

```
[root@localhost test]# chown u01 dir/
[root@localhost test]# ls -ld dir/
drwxr-xr-x 2 u01 root 40  6月 15 15:20 dir/
```

【例 4-19】修改指定文件的属主和属组，命令如下：

[root@localhost ~]# ls -ld dir/　　　　　　　　　#查看 dir 目录

[root@localhost ~]# ls -ld dir/*　　　　　　　　 #查看 dir 目录下的文件

[root@localhost ~]# chown -R u02:g02　 dir/　　#递归修改 dir 目录的属主和属组

[root@localhost ~]# ls -ld dir/*　　　　　　　　 #查看是否修改成功

在终端界面输入以上命令，显示结果如下：

```
[root@localhost test]# ls -ld dir/
drwxr-xr-x 4 u02 g02 80  6月 15 15:35 dir/
[root@localhost test]# ls -ld dir/*
drwxr-xr-x 3 root root 60  6月 15 15:35 dir/a
drwxr-xr-x 3 root root 60  6月 15 15:35 dir/b
[root@localhost test]# chown -R u02:g02  dir/
[root@localhost test]# ls -ld dir/*
drwxr-xr-x 3 u02 g02 60  6月 15 15:35 dir/a
drwxr-xr-x 3 u02 g02 60  6月 15 15:35 dir/b
[root@localhost test]#
```

注意：管理员可以改变一切文件的所属信息，而普通用户只能改变自己文件的所属信息。

4.3.3　umask 管理权限掩码

每次新建一个文件时，文件的默认权限是由 umask 值决定的。当输入 umask 命令时，它会输出一个 4 位的八进制数值，如 0002。如果 umask 值的某位被设置，则在新建文件或目录时将禁用(拿掉)对应的权限。

umask 管理权限掩码的方式与 chmod 命令类似，它也用于定义文件或目录的权限。它们之间的区别在于，chmod 用于改变已有文件或目录的权限，而 umask 用于定义新建文件或目录的默认权限。umask 和 chmod 配合使用，共有 4 位，分别 UID/GID、属主、属组和其他用户权限，第 1 位是代表文件所具有的特殊权限(如 SetUID、SetGID、Sticky BIT)，一般情况用到的是后 3 位。目录最大权限为 777，文件最大权限为 666。总结公式如下：

目录(文件)的初始权限 = 目录(文件)的最大默认权限-umask 权限

使用上面的公式进行计算，可以得出 umask 值与目录权限值和文件权限值的对应关系，如表 4-17 所示。

表 4-17　umask 命令对应值关系

umask 值	目录权限值	文件权限值
0	7	6
1	6	6
2	5	4
3	4	4
4	3	2
5	2	2
6	1	0
7	0	0

对于 root 用户，系统默认的 umask 值是 0022，此时新建目录的默认权限值是 755，即 rwxr-xr-x；新建文件默认权限是 644，即 rw-r--r--。对于普通用户，系统默认的 umask 值是 0002，新建目录的默认权限是 775，即 rwxrwxr-x；新建文件的默认权限是 664，即 -rw-rw-r--。

4.3.4　文件链接

Linux 系统中的链接文件有两种形式，分别为软链接(symbolic link)和硬链接(hard link)。软链接相当于 Windows 系统中的快捷方式文件，而硬链接则是通过将文件的 inode 属性块进行了复制，原始文件被移动或删除后，软链接文件将无法使用，但硬链接文件依然可以使用。

使用 ln 命令可以创建链接文件。ln 是英文单词"link"的缩写，译为"链接"，该命令用于为某个文件在另外一个位置建立同步的链接。其语法格式如下：

ln [参数] 源文件名　目标文件名

ln 命令常用参数及其作用如表 4-18 所示。

表 4-18　ln 命令常用参数及其作用

参　数	作　用
-b	为已存在的目标文件创建备份
-d	允许管理员创建目录的硬链接
-f	强制创建链接且不询问
-i	若目标文件已存在，则需要用户二次确认
-L	当目标文件为软链接时，找到其对应文件
-n	将指向目录的软链接视为普通文件
-P	当目标文件为软链接时，直接链接它自身

续表

参　　数	作　　用
-r	创建相对于文件位置的软链接
-s	对源文件创建软链接
-S	设置备份文件的后缀
-t	设置链接文件存放于哪个目录
-v	显示执行过程的详细信息
--backup	备份已存在的文件
--help	显示帮助信息
--version	显示版本信息

• 软链接(符号链接)：为源文件创建的新指针。当对软链接操作时，系统就会找到原文件并对原文件进行操作，相当于给原文件创建了一个快捷方式。如果删除原文件，则对应的软链接文件也会消失。其语法格式如下：

ln　-s　<源文件>　<新建链接名>

• 硬链接：硬链接文件完全等同于原文件，原文件名和连接文件都指向相同的物理地址，相当于给原文件取了个别名，其实两者是同一个文件。删除二者中任何一个，另一个不会消失；对其中任何一个进行更改，另一个的内容也会随之改变，因为这两个本质上是同一个文件，只是名字不同。其语法格式如下：

ln <源文件> <新建链接名>

【例 4-20】为指定的源文件创建链接(无参数为硬链接，有 s 参数为软链接)，命令如下：

[root@localhost ~]# touch uosfile　　　　　　#创建新文件
[root@localhost ~]# echo 123 > uosfile　　　　#写入指定内容
[root@localhost ~]# cat uosfile　　　　　　　#查看文件内容
[root@localhost ~]# ln -s uosfile uosfile1　　　#创建软链接 uosfile1
[root@localhost ~]# ln uosfile uosfile2　　　　#创建硬链接 uosfile2

在终端界面输入以上命令，显示结果如下：

```
[root@localhost uos]# touch uosfile
[root@localhost uos]# echo 123 > uosfile
[root@localhost uos]# cat uosfile
123
[root@localhost uos]# ln -s  uosfile  uosfile1
[root@localhost uos]# ln uosfile uosfile2
[root@localhost uos]# ls -l uosfile*
```

【例 4-21】对比删除原文件前后查看软链接和硬链接内容，命令如下：

[root@localhost ~]# ls -l uosfile*　　　　　　#列出以 uos 开头的文件
[root@localhost ~]# cat uosfile　　　　　　　#查看 uosfile 原文件内容
[root@localhost ~]# cat uosfile1　　　　　　　#查看软链接内容
[root@localhost ~]# cat uosfile2　　　　　　　#查看硬链接内容
[root@localhost ~]# rm -rf uosfile　　　　　　#删除 uosfile 原文件

[root@localhost ~]# cat uosfile1　　　　　　　　　　　#查看软链接内容
[root@localhost ~]# cat uosfile2　　　　　　　　　　　#查看硬链接内容
在终端界面输入以上命令，显示结果如下：

```
[root@localhost uos]# ls -l uosfile*
-rw-r--r-- 2 root root 4   6月 14 17:40 uosfile
lrwxrwxrwx 1 root root 7   6月 14 17:41 uosfile1 -> uosfile
-rw-r--r-- 2 root root 4   6月 14 17:40 uosfile2
[root@localhost uos]# cat uosfile
123
[root@localhost uos]# cat uosfile1
123
[root@localhost uos]# cat uosfile2
123
[root@localhost uos]# rm -rf uosfile
[root@localhost uos]# cat uosfile1
cat: uosfile1: 没有那个文件或目录
[root@localhost uos]# cat uosfile2
123
[root@localhost uos]#
```

注意：不可跨文件系统创建硬连接，也不可为目录建立硬链接。

4.4　Vim 编辑器的使用

虽然很多 Linux 发行版提供了 nano、Micro 或 Emacs 等编辑器供用户选择，但所有的发行版都必定包含了 vi/Vim 编辑器。

vi(visual interface)编辑器通常被简称为 vi，它是 Linux 和 UNIX 系统中最基本的文本编辑器，类似于 Windows 系统下的 Notepad(记事本)编辑器，由于它工作在字符模式，不需要图形界面，所以效率高。Vim(Vi improved)是 vi 编辑器的加强版，比 vi 更方便使用，除了兼容 vi 的所有指令，还添加了许多重要的特性，如支持正则搜索、语法高亮和对 C 语言的自动缩进等。

Vim 编辑器的工作模式如图 4-1 所示。

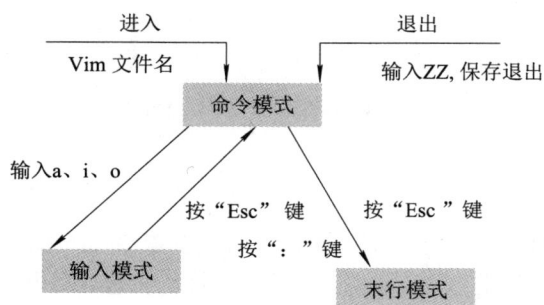

图 4-1　Vim 编辑器的工作模式

Vim 编辑器有命令模式、输入模式和末行模式 3 种工作模式，其功能如表 4-19 所示。

表 4-19　Vim 编辑器的工作模式及其功能

模　　式	功　　能
命令模式	控制光标移动，删除字符，段落复制
输入模式	新增文字及修改文字
末行模式	保存文件，退出 vi 以及其他设置

因为 Vim 操作方式的高效，所以现代集成开发环境(Integrated Development Environment，IDE)(如 Eclipse、VSCode、PyCharm 等)都提供了 Vim 快捷键配置。甚至很多网页浏览器都可以通过插件，使用 Vim 快捷键来操作。

在终端界面输入 vimtutor，可以进入 Vim 自带教程，在 UOS 操作系统中已经将其汉化，如图 4-2 所示。

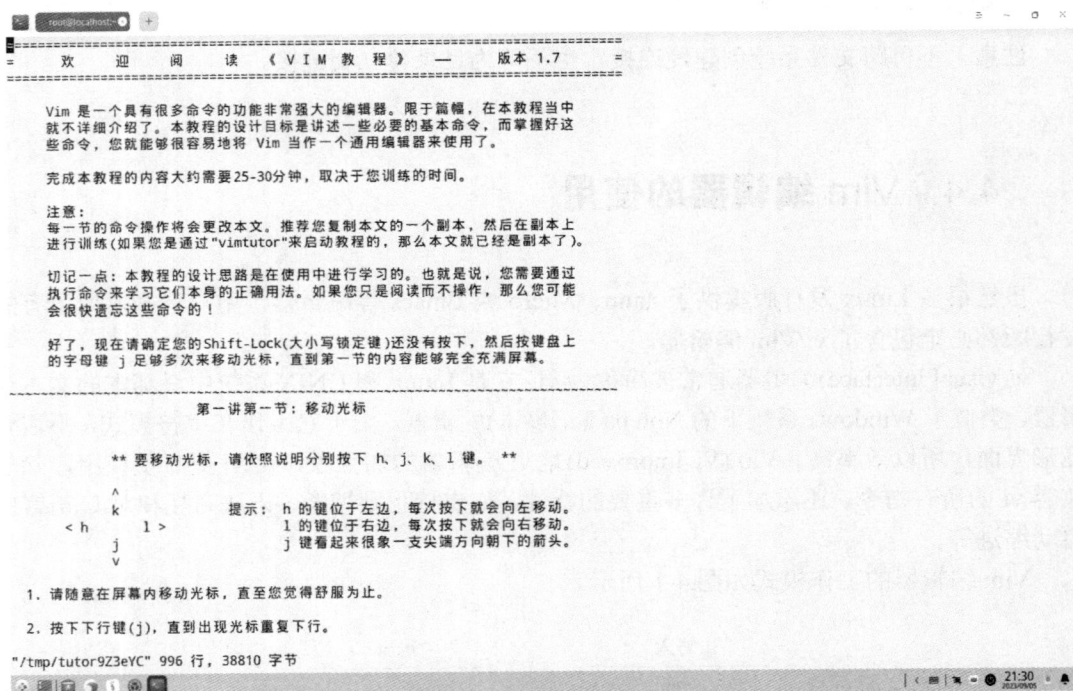

图 4-2　UOS 操作系统中汉化的 Vim

4.4.1　命令模式

命令是 Vim 的基础操作，使用 Vim 编辑文件时，默认处于命令模式。此模式下，可使用方向键(上、下、左、右键)或 k、j、h、i 移动光标的位置，还可以对文件内容进行复制、粘贴、替换、删除等操作。

vim --help 命令用于查看帮助信息。

命令模式的快捷键及其功能如表 4-20 所示。

表 4-20　Vim 编辑器命令模式的快捷键及其功能

快捷键	功　　能
yy	复制当前行整行
nyy	复制从光标所在行开始的 N 行
dd	剪切当前光标所在行
ndd	剪切从光标所在行开始的 N 行
p	粘贴光标位置之后
G	跳转至尾行
g	跳转至首行
dw	删至词尾
ndw	删除后 N 个词
d$	删至行尾
nd$	删除后 N 行(从光标当前处开始算起)
u	撤销上一次修改
U	撤销一行内的所有修改

UOS 系统中 Vim 的命令模式已经被汉化，其状态如下：

```
~
~
~
~
~
~
~
~
~
~
~
~
~
~
~
~
"a.txt" [新文件]                                                    0,0-1
```

4.4.2 输入模式

在输入模式下，Vim 可以对文件执行写操作，类似于在 Windows 系统的文档中输入内容。

使 Vim 进行输入模式的方法为：在命令模式状态下，输入 i、I、a、A、o、O 等快捷键。当编辑文件完成后，按"Esc"键即可返回命令模式。

进入输入模式的快捷键及其功能如表 4-21 所示。

表 4-21 进入输入模式的快捷键及其功能

快捷键	功　　能
a	在光标后插入
i	在当前光标前插入
o	在当前光标下插入空行
A	在光标所在行尾插入
I	在光标行首插入内容
O	在当前光标上插入空行

UOS 系统中 Vim 进入输入模式后的状态如下：

```
yy:x:0:0:yy:/yy:/bin/bash

yy:x:0:0:yy:/yy:/bin/bash
daemon:x:2:2:daemon:/sbin:/sbin/TTTTTTT
adm:x:3:4:adm:/var/adm:/sbin/TTTTTTT
lp:x:4:7:lp:/var/spool/lpd:/sbin/TTTTTTT
sync:x:5:0:sync:/sbin:/bin/sync
shutdown:x:6:0:shutdown:/sbin:/sbin/shutdown
halt:x:7:0:halt:/sbin:/sbin/halt
mail:x:8:12:mail:/var/spool/mail:/sbin/TTTTTTT
operator:x:11:0:operator:/root:/sbin/TTTTTTT
games:x:12:100:games:/usr/games:/sbin/TTTTTTT
-- 插入 --                                    6,1
```

4.4.3 末行模式

末行模式也称编辑模式，用于对文件中的指定内容执行保存、查找或替换等操作。

使 Vim 切换到编辑模式的方法是在命令模式状态下按"："键，此时 Vim 窗口的左下方会出现一个"："符号，这时就可以输入相关指令进行操作了。在执行指令后，Vim 会自动返回命令模式。如果想直接返回命令模式，则按"Esc"键即可。

进入末行模式的快捷键及其功能如表 4-22 所示。

表 4-22　进入末行模式的快捷键及其功能

快捷键	功　　能
:r /etc/passwd	读文件内容
:r! ls -l /	读命令结果，并将其保存到文件中
:set number	设置行号
:set nonumber	去除行号
:s/old/new/g	在当前行中查找到所有字符串 old 并替换为 new
:2,6s/old/new/g	2～6 行替换
:%s/old/new/g	在整个文件范围内替换
:X	加入密码
:q	退出且不保存
:q!	强制退出且不保存
:wq	保存退出，同 x
:wq!	强制保存并退出

UOS 系统中 Vim 进入末行模式后的状态如下：

```
uos:x:0:0:uos:/uos:/bin/bash

yy:x:0:0:yy:/yy:/bin/bash
yy:x:0:0:yy:/yy:/bin/bash
daemon:x:2:2:daemon:/sbin:/sbin/TTTTTTT
adm:x:3:4:adm:/var/adm:/sbin/TTTTTTT
lp:x:4:7:lp:/var/spool/lpd:/sbin/TTTTTTT
sync:x:5:0:sync:/sbin:/bin/sync
shutdown:x:6:0:shutdown:/sbin:/sbin/shutdown
halt:x:7:0:halt:/sbin:/sbin/halt
mail:x:8:12:mail:/var/spool/mail:/sbin/TTTTTTT
operator:x:11:0:operator:/root:/sbin/TTTTTTT
games:x:12:100:games:/usr/games:/sbin/TTTTTTT
ftp:x:14:50:FTP User:/var/ftp:/sbin/TTTTTTT
nobody:x:65534:65534:Kernel Overflow User:/:/sbin/TTTTTTT
:wq!
```

第 5 章

文件处理、重定向与操作符

Linux 命令行提供了非常强大的文本处理功能，组合利用 Linux 命令能实现很多强大的功能。本章将介绍 Linux 系统中文件处理、重定向与操作符的基本操作。

5.1 文件处理

本节将介绍 Linux 常用的文件处理命令，如 grep、uniq、sort 等，它们主要用于完成文件搜索和统计文件等。

5.1.1 grep 命令(文本搜索)

Linux 系统中的 grep 命令具有强大的文本搜索功能，它能使用正则表达式搜索文本，并把匹配的行打印出来，它的使用权限是所有用户。将 grep 命令与正则表达式搭配使用时，其参数可作为搜索过程中的补充条件或对输出结果的筛选，命令模式十分灵活。

grep 通过返回一个状态值来说明搜索的状态。如果模板搜索成功，则返回 0；如果搜索不成功，则返回 1；如果搜索的文件不存在，则返回 2。因此 grep 可用于 Shell 脚本，利用这些返回值就可进行一些自动化的文本处理工作。其语法格式如下：

grep [参数] 文件名

grep 命令常用参数及其作用如表 5-1 所示。

表 5-1　grep 命令常用参数及其作用

参　数	作　用
-b	显示匹配行距文件头部的偏移量
-c	只显示匹配的行数
-E	支持扩展的正则表达式
-F	匹配固定字符串的内容
-h	在搜索多文件时不显示文件名
-I	忽略关键词的大小写
-l	只显示符合匹配条件的文件名
-n	显示所有匹配行及其行号
-o	显示匹配词距文件头部的偏移量
-q	静默执行模式
-r	递归搜索模式
-s	不显示没有匹配文本的错误信息
-v	显示不包含匹配文本的所有行
-w	精准匹配整词
-x	精准匹配整行

【例 5-1】搜索指定文件中包含某个关键词的内容行，命令如下：

[root@localhost ~]# grep ROOT /etc/passwd　　　　　#在文本中查找包含"ROOT"的行
[root@localhost ~]# grep -i ROOT /etc/passwd　　　　#在文本中查找包含"ROOT"或
　　　　　　　　　　　　　　　　　　　　　　　　　"root"(不区分大小写)的行

在终端界面输入以上命令，显示结果如下：

```
[root@localhost ~]# grep ROOT  /etc/passwd
[root@localhost ~]# grep -i ROOT  /etc/passwd
root:x:0:0:root:/root:/bin/bash
operator:x:11:0:operator:/root:/sbin/nologin
[root@localhost ~]#
```

与 grep 容易混淆的是 egrep 命令和 fgrep 命令。如果把 grep 命令当作是标准搜索命令，那么 egrep 就是扩展搜索命令，等价于 grep -E 命令，表示支持扩展的正则表达式。而 fgrep 则是快速搜索命令，等价于 grep -F 命令，表示不支持正则表达式，直接按照字符串内容进行匹配。

grep 与 awk、sed 是 linux 操作文本的三大命令，合称"文本三剑客"，三者的功能都是处理文本，但侧重点各不相同。其中，grep 适合用于单纯地查找或匹配文本；sed 适合用于编辑匹配到的文本；awk 的功能最强大，也最复杂，它更适合用于格式化文本，对文本进行较复杂格式处理。

5.1.2 uniq 命令(去除文件中的重复内容行)

uniq 是英文单词 "unique" 的缩写,译为 "独特的、唯一的",该命令的功能是去除文件中的重复内容行。其语法格式如下:

uniq [参数] 文件名

uniq 命令常用参数及其作用如表 5-2 所示。

表 5-2   uniq 命令常用参数及其作用

参 数	作 用
-c	显示每行在文本中重复出现的次数
-d	设置每个重复记录只出现一次
-D	显示所有相邻的重复行
-f	跳过对前 N 个列的比较
-I	忽略大小写
-s	跳过对前 N 个字符的比较
-u	仅显示没有重复的记录
-w	仅对前 N 个字符进行比较
-z	设置终止符(默认为换行符)
--help	显示帮助信息
--version	显示版本信息

【例 5-2】对指定的文件进行去重操作。

在终端界面使用 Vim 创建新文件,添加以下的文字内容,并保存:

```
[root@localhost u1]# vim a.txt
[root@localhost u1]# cat a.txt
tt 50
tt 50
tt 50
tt 50
aa 78
aa 78
aa 78
aa 78
yy 45
yy 45
yy 45
yy 45
yy 45
[root@localhost u1]# uniq
```

```
[root@uniontech ~]# uniq    a.txt              #去重
[root@uniontech ~]# uniq   -c   a.txt          #去重,并显示重复次数
```

执行命令与结果如下：

```
[root@localhost u1]# uniq a.txt
tt 50
aa 78
yy 45
[root@localhost u1]# uniq  -c a.txt
      4 tt 50
      4 aa 78
      5 yy 45
[root@localhost u1]#
```

uniq 命令能够去除文件中相邻的重复内容行，如果两端内容相同但中间夹杂了其他文本行，则需要先使用 sort 命令进行排序，然后再去重复，这样保留下来的内容就是唯一的了。

5.1.3　sort 命令(对文件内容进行排序)

sort 命令的功能是对文件内容进行排序。其语法格式如下：

sort [参数] 文件名

sort 命令常用参数及其作用如表 5-3 所示。

表 5-3　sort 命令常用参数及其作用

参　数	作　　用
-b	忽略每行前面出现的空格字符
-c	检查文件是否已经按照顺序排序
-d	除字母、数字及空格字符以外，忽略其他字符
-f	将小写字母视为大写字母
-h	以更易读的格式输出信息
-I	除 040 至 176 之间的 ASCII 字符以外，忽略其他字符
-k	设置需要排序的栏位
-m	将几个排序号的文件进行合并
-M	将前面 3 个字母依照月份的缩写进行排序
-n	依据数值大小排序
-o	将排序后的结果写入指定文件
-r	以相反的顺序来排序
-R	依据随机哈希值进行排序
-t	设置排序时所用的栏位分隔符
-T	设置临时目录
-z	使用 0 字节结尾，而不是换行
--help	显示帮助信息
--version	显示版本信息

【例 5-3】新建一个文本文件 a.txt，内容如下：

```
tt        50
aa        78
yy        45
```

对指定的文件内容按照字母顺序进行排序，命令如下：

```
[root@uniontech ~]# cat a.txt            #输出 a.txt 文件的内容
[root@uniontech ~]# sort a.txt           #按第 1 列字母顺序排序 a.txt 文件的内容
[root@uniontech ~]# sort -k 2 a.txt      #按第 2 列数字顺序排序 a.txt 文件的内容
```

输入以上命令，显示结果如下：

```
[root@localhost u1]# cat a.txt
tt 50
aa 78
yy 45
[root@localhost u1]# sort a.txt
aa 78
tt 50
yy 45
[root@localhost u1]# sort -k 2 a.txt
yy 45
tt 50
aa 78
[root@localhost u1]#
```

grep、uniq 和 sort 这 3 个命令都用于处理文本数据，可以对文本文件进行搜索、去重、排序。在处理文本数据时，它们经常通过管道符(|)(有关管道符的介绍参见 5.3)连接使用，以实现更复杂的文本处理任务。例如，首先使用 grep 搜索特定模式，然后使用 sort 进行排序，最后使用 uniq 去除重复行。

5.2 重定向

在 Linux 系统中，一个命令通常从一个叫标准输入(stdin)的地方读取输入，默认情况下，这是终端；同样，一个命令通常将其输出写入到标准输出(stdout)，默认情况下，这也是终端。标准输入设备是键盘，标准输出设备是显示器，标准错误输出设备也是显示器。标准输入、标准输出以及标准错误输出在系统中都以文件的形式存在。因此，系统中存在以下 3 种数据流：

- 输入信息会从 stdin(标准输入，通常是键盘或鼠标)中读取。
- 输出信息会被输出到 stdout(标准输出，一个文本文件或者数据流)。
- 错误信息会被输出到 stderr(标准错误输出)。

了解了这些数据流的存在，在使用 Shell 时，就可以更好地控制数据的流向。Linux 系统终端设备类型如表 5-4 所示。

表 5-4　Linux 系统终端设备类型

文件描述符	类　　型	设备名	设　备
0	标准输入	/dev/stdin	键盘
1	标准输出	/dev/stdout	显示器
2	标准错误输出	/dev/stderr	显示器

在日常复制粘贴数据时，如果是打开文件进行复制粘贴，就不可避免地需要较多次地操作鼠标与键盘，这样会比较烦琐。通过重定向可以省掉这些烦琐的操作，无须多次操作鼠标与键盘就可以完成数据的转移。重定向是指将原本要输出(或输入)到某个地方(如屏幕、文件等)的数据信息重新指向到目的地，以便用户更加灵活地控制数据的流向。它可以分为输入重定向和输出重定向这两种类型。每当与计算机交互时，重定向就必然会发生，学会使用重定向，不仅可以与计算机更好地交互，还可以提高工作效率。

- 输入重定向：重新指定设备来代替键盘作为新的输入设备。
- 输出重定向：重新指定设备来代替显示器作为新的输出设备。

执行时，用文件或命令的执行结果来代替键盘作为新的输入设备，而新的输出设备通常指的就是文件。

1. 输入重定向

输入重定向是指不使用标准输入端口输入文件，而是使用指定的文件作为标准输入设备；使用 "<" 来重定向输入源；使用 "<<" 让系统将一次键盘的全部输入，先送入虚拟的 "当前文档"，然后再将其一次性输入。输入重定向中的符号及其作用如表 5-5 所示。

表 5-5　输入重定向中的符号及其作用

符　　号	作　　用
命令 < 文件	将文件作为命令的标准输入
命令 << 分隔符	从标准输入中读取，直到遇见分隔符才停止
命令 < 文件 1 > 文件 2	将文件 1 作为命令的标准输入并将标准输出到文件 2 中

【例 5-4】使用指定文件作为命令的标准输入，命令如下：

```
[root@uniontech ~]# grep 'root' < /etc/passwd      #读取内容，将其作为 grep 的输入
[root@uniontech ~]# cat - <<EOF                     #将键盘输入字符串作为 cat 的输入
    Hello World
    EOF
```

在终端界面输入以上命令，显示结果如下：

```
[root@uniontech ~]# grep 'root' < /etc/passwd
root:x:0:0:root:/root:/bin/bash
operator:x:11:0:operator:/root:/sbin/nologin
[root@uniontech ~]# cat - <<EOF
> Hello World
> EOF
Hello World
[root@uniontech ~]#
```

2. 输出重定向

相较于输入重定向，使用输出重定向的频率更高。并且，和输入重定向不同的是，输出重定向还可以细分为标准输出重定向和错误输出重定向两种技术。

- 标准输出重定向：用"1>"表示标准输出，其中数字 1 可以省略。
- 错误输出重定向：用"2>"表示错误输出，其中数字 2 不能省略。

标准输出重定向和错误输出重定向又分别包含清空写入和追加写入两种模式。因此，对于输出重定向来说，需要用到的符号及其作用如表 5-6 所示。

表 5-6　输出重定向中的符号及其作用

符　号	作　用
命令 > 文件	将标准输出重定向到一个文件中(清空原有文件的数据)
命令 2> 文件	将错误输出重定向到一个文件中(清空原有文件的数据)
命令 >> 文件	将标准输出重定向到一个文件中(追加到原有内容的后面)
命令 2>> 文件	将错误输出重定向到一个文件中(追加到原有内容的后面)
命令 >> 文件 2>&1 或 命令 &>> 文件	将标准输出与错误输出都写入到文件中(追加到原有内容的后面)

【例 5-5】将标准输出重定向到一个文件并查看，命令如下：

[root@localhost ~]# echo 123 > test.txt	#输出 123 至 test.txt 文件
[root@localhost ~]# cat test.txt	#显示 test.txt 文件的内容
[root@localhost ~]# echo 456 > test.txt	#输出 456 至 test.txt 文件
[root@localhost ~]# cat test.txt	#显示 test.txt 文件的内容
[root@localhost ~]# echo 789 > test.txt	#追加 789 至 test.txt 文件
[root@localhost ~]# cat test.txt	#显示 test.txt 文件的内容

在终端界面输入以上命令，显示结果如下：

```
[root@localhost u1]# echo 123 > test.txt
[root@localhost u1]# cat test.txt
123
[root@localhost u1]# echo 456 > test.txt
[root@localhost u1]# cat test.txt
456
[root@localhost u1]# echo 789 >> test.txt
[root@localhost u1]# cat test.txt
456
789
[root@localhost u1]#
```

5.3　Linux 操作符

Linux 操作符主要包括管道符、通配符和转义字符。

5.3.1　管道符

"|"是 Linux 管道命令操作符，简称管道符。使用此管道符"|"可以将两个命令分隔开，"|"左边命令的输出就会作为"|"右边命令的输入，此命令可连续使用，第一个命令的输出会作为第二个命令的输入，第二个命令的输出又会作为第三个命令的输入，以此类推。

同时按下键盘上的"Shift"键和"\"键即可输入管道符"|"。管道命令符的作用也可以用一句话来概括，即把前一个命令原本要输出到屏幕的标准正常数据当作是后一个命令的标准输入。

管道符的执行格式如下：

- 命令 A | 命令 B
- 命令 A | 命令 B | 命令 C

【例 5-6】在 ps 结果中查找 Ssl，命令如下：

[root@localhost ~]# ps -aux | grep Ssl

在终端界面输入以上命令，显示结果如下：

```
[root@localhost ~]# ps -aux   | grep Ssl
root        745  0.0  0.2 313576 10352 ?        Ssl  6月15   0:00 /usr/sbin/ModemManager
root        746  0.0  0.2 442972  7684 ?        Ssl  6月15   0:01 /usr/libexec/accounts-daemon
root        761  0.0  0.1 164504  6232 ?        Ssl  6月15   0:06 /sbin/rngd -f
root        763  0.0  0.0  79976  2040 ?        Ssl  6月15   0:02 /usr/sbin/irqbalance --pid=/var/run/irqbalance.pid
root        771  0.0  0.4 395992 16264 ?        Ssl  6月15   0:04 /usr/libexec/udisks2/udisksd
polkitd     819  0.0  0.6 2570784 24168 ?       Ssl  6月15   0:00 /usr/lib/polkit-1/polkitd --no-debug
root        828  0.0  1.0 332804 37280 ?        Ssl  6月15   0:00 /usr/bin/python3 /usr/sbin/firewalld --nofork --nopid
root        911  0.0  0.5 612016 20120 ?        Ssl  6月15   0:02 /usr/sbin/NetworkManager --no-daemon
root       1184  0.2  0.3 405724 11908 ?        Ssl  6月15   4:09 /usr/bin/deepin-devicemanager-server
root       1186  0.0  0.9 720192 33568 ?        Ssl  6月15   0:23 /usr/libexec/uos-license/uos-license-agent
root       1188  0.0  0.3 170780 11240 ?        Ssl  6月15   0:05 /usr/sbin/rsyslogd -n -i/var/run/rsyslogd.pid
root       1190  0.0  0.7 471780 27004 ?        Ssl  6月15   0:13 /usr/bin/python3 -Es /usr/sbin/tuned -1 -P
root       1201  0.0  0.1 262844  4256 ?        Ssl  6月15   0:00 /usr/sbin/gssproxy -D
root       1430  0.0  0.2 456512  9880 ?        Ssl  6月15   0:00 /usr/libexec/upowerd
root       1617  0.0  2.1 528984 76348 tty1     Ssl+ 6月15   0:42 /usr/libexec/Xorg -background none :0 -seat seat0 -auth /run/lightdm/root/:0 -nolisten
  tcp vt1 -novtswitch
root       1803  0.0  1.1 1549316 41176 ?       Ssl  6月15   0:05 /usr/libexec/deepin-daemon/dde-system-daemon
root       2344  0.0  0.2 444204  7872 ?        Ssl  6月15   0:00 /usr/libexec/gvfsd
root       2462  0.0  0.1 305016  6504 ?        Ssl  6月15   0:00 /usr/libexec/at-spi-bus-launcher
root       2593  0.0  0.2 444920 10200 ?        Ssl  6月15   0:00 /usr/libexec/gvfs-udisks2-volume-monitor
root       2613  0.0  0.1 440108  6148 ?        Ssl  6月15   0:00 /usr/libexec/gvfs-mtp-volume-monitor
root       2628  0.0  0.1 442592  6652 ?        Ssl  6月15   0:00 /usr/libexec/gvfs-gphoto2-volume-monitor
root       2632  0.0  0.1 440336  6164 ?        Ssl  6月15   0:00 /usr/libexec/gvfs-goa-volume-monitor
root       2669  0.0  0.2 521240  9008 ?        Ssl  6月15   0:00 /usr/libexec/gvfs-afc-volume-monitor
root       2702  0.0  1.4 497220 52532 ?        Ssl  6月15   0:05 /usr/bin/dde-file-manager-daemon
root       5011  0.0  1.8 516840 63356 tty2     Ssl+ 6月15   1:18 /usr/libexec/Xorg -background none :1 -seat seat0 -auth /run/lightdm/root/:1 -nolisten
  tcp vt2 -novtswitch
lightdm    5069  0.0  0.1 304996  5952 ?        Ssl  6月15   0:00 /usr/libexec/at-spi-bus-launcher
lightdm    5078  0.0  0.2 444204  9856 ?        Ssl  6月15   0:00 /usr/libexec/gvfsd
root      14035  0.0  0.0 213284   884 pts/1    S+   17:28   0:00 grep --color=auto Ssl
[root@localhost ~]#
```

【例 5-7】在 ifconfig 结果中查找 inet，命令如下：

[root@localhost ~]# ifconfig ens | grep inet

在终端界面输入以上命令，显示结果如下：

```
[root@localhost ~]# ifconfig ens3 | grep inet
        inet 192.168.122.189  netmask 255.255.255.0  broadcast 192.168.122.255
        inet6 fe80::f79:a974:1866:3df4  prefixlen 64  scopeid 0x20<link>
[root@localhost ~]# ps -aux
```

【例 5-8】在 cat 结果中查找 root，命令如下：

[root@localhost ~]# cat /etc/passwd | grep root

在终端界面输入以上命令，显示结果如下：

```
[root@localhost ~]# cat /etc/passwd  |  grep  root
root:x:0:0:root:/root:/bin/bash
operator:x:11:0:operator:/root:/sbin/nologin
```

在实际应用中，使用管道符能大大提高工作效率。

5.3.2　通配符

通配符是指一种特殊语句，用于模糊搜索文件。当查找文件夹时，可以使用通配符来代替一个或多个真正的字符，从而使得文件的管理更加快速、便捷，大大提升工作效率。Linux 系统中的通配符及其含义如表 5-7 所示。

表 5-7　Linux 系统中的通配符及其含义

通配符	含　义
*	任意字符
?	单个任意字符
[a-z]	单个小写字母
[A-Z]	单个大写字母
[a-Z]	单个字母
[0-9]	单个数字
[[:alpha:]]	任意字母
[[:upper:]]	任意大写字母
[[:lower:]]	任意小写字母
[[:digit:]]	所有数字
[[:alnum:]]	任意字母加数字
[[:punct:]]	标点符号

【例 5-9】列出指定结尾的文件，命令如下：

[root@localhost ~]# ls　　　　　　　　　#列出当前目录下的所有文件和目录
[root@localhost ~]# ls *.log　　　　　　#列出当前目录下所有以 .log 结尾的文件
[root@localhost ~]# ls *.sql　　　　　　#列出当前目录下所有以 .sql 结尾的文件

在终端界面输入以上命令，显示结果如下：

```
[root@localhost uos]# ls
[root@localhost uos]# touch exe.log a.log  guo.log  huhu.sql  a.sql
[root@localhost uos]# ls
a.log  a.sql  exe.log  guo.log  huhu.sql
[root@localhost uos]# ls *.log
a.log  exe.log  guo.log
[root@localhost uos]# ls *.sql
a.sql  huhu.sql
[root@localhost uos]#
```

【例 5-10】列出指定文件名长度和指定结尾的文件，命令如下：

[root@localhost ~]# ls ?.sql　　　　#列出当前目录下所有文件名长度为 1 且以 .sql 结尾的文件

[root@localhost ~]# ls ??.sql　　　　#列出当前目录下所有文件名长度为 2 且以 .sql 结尾的文件

[root@localhost ~]# ls ???.sql　　　　#列出当前目录下所有文件名长度为 3 且以 .sql 结尾的文件

在终端界面输入以上命令，显示结果如下：

```
[root@localhost uos]# ls ?.sql
a.sql
[root@localhost uos]# ls ??.sql
ls: 无法访问 '??.sql': 没有那个文件或目录
[root@localhost uos]# ls
a.log  a.sql  exe.log  guo.log  huhu.sql
[root@localhost uos]# ls ???.sql
```

【例 5-11】列出指定开头和指定结尾的文件，命令如下：

[root@localhost ~]# ls [abcd].log　　　　#列出当前目录下文件名以 a、b、c、d 开头且以 .log 结尾的文件

[root@localhost ~]# ls gu[opq].log　　　　#列出当前目录下文件名以 guo、gup、guq 开头且以 .log 结尾的文件

[root@localhost ~]# ls [a-d].sh　　　　#列出当前目录下文件名以 a、b、c、d 开头且以 .log 结尾的文件

在终端界面输入以上命令，显示结果如下：

```
[root@localhost uos]# ls [abcd].log
a.log
[root@localhost uos]# ls gu[opq].log
guo.log
[root@localhost uos]# touch c.sh  d.sh cd.sh
[root@localhost uos]# ls [a-d].sh
c.sh  d.sh
[root@localhost uos]#
```

【例 5-12】列出除特定条件以外的文件，命令如下：

[root@localhost ~]# touch a b c d e　　　　#创建文件 a、b、c、d、e

[root@localhost ~]# ls [!abc]　　　　#列出当前目录下除了以 a、b、c 开头的文件

[root@localhost ~]# ls [^abc]　　　　#同上条命令

在终端界面输入以上命令，显示结果如下：

```
[root@localhost uos]# touch a b c d e
[root@localhost uos]# ls [!abc]
d  e
[root@localhost uos]# ls [^abc]
d  e
[root@localhost uos]#
```

5.3.3 转义字符

为了能够更好地理解用户的表达，Shell 解释器还提供了特别丰富的转义字符来处理输入的特殊数据。转义字符是一种特殊的字符，用于改变其他字符的含义。

最常用的转义字符有以下 4 个：

- 反斜杠(\)：使反斜杠后面的一个变量变为单纯的字符串。
- 单引号(')：转义其中所有的变量为单纯的字符串。
- 双引号("")：保留其中的变量属性，不进行转义处理。
- 反引号(`)：执行其中的命令并返回结果。

【例 5-13】多次定义字符串，并输出其值。

先定义一个字符串 str，内容为指定文本，命令如下：

[root@localhost ~]# str="This hostname is 'hostname'"
[root@localhost ~]# echo $str   #输出字符串 str 的值

在终端界面输入以上命令，显示结果如下：

```
[root@localhost test]# str="This hostname is `hostname`"
[root@localhost test]# echo $str
This hostname is localhost.localdomain
[root@localhost test]#
```

[root@localhost ~]# hostname   #获取当前主机名
[root@localhost ~]# a='hostname'   #定义变量 a 并赋值“hostname”
[root@localhost ~]# a   #查看变量 a 的值，在 bash 中不支持这种语法
[root@localhost ~]# echo $a   #输出变量 a 的值

在终端界面输入以上命令，显示结果如下：

```
[root@localhost test]# hostname
localhost.localdomain
[root@localhost test]# a=`hostname`
[root@localhost test]# a
bash: a：未找到命令
[root@localhost test]# echo $a
localhost.localdomain
[root@localhost test]#
```

重新定义字符串 str，包含对环境变量$SHELL 的引用，命令如下：

[root@localhost ~]# str="The \$SHELL current shell is $SHELL"

[root@localhost ~]# echo $str　　　　　　#输出新的字符串 str

[root@localhost ~]# echo $SHELL　　　　　#输出环境变量$SHELL 的值

再次重新定义字符串 str，命令如下：

[root@localhost ~]# str="The \$SHELL current shell is $SHELL"

[root@localhost ~]# echo $SHELL　　　　　#再次输出环境变量$SHELL 的值

[root@localhost ~]# echo $str　　　　　　#输出当前的字符串 str

在终端界面输入以上命令，显示结果如下：

```
[root@localhost test]# str="The \$SHELL current shell is $SHELL"
[root@localhost test]# echo $str
The $SHELL current shell is /bin/bash
[root@localhost test]# echo $SHELL
/bin/bash
[root@localhost test]# str='The \$SHELL current shell is $SHELL'
[root@localhost test]# echo $SHELL
/bin/bash
[root@localhost test]# echo $str
The \$SHELL current shell is $SHELL
[root@localhost test]#
```

又一次重新定义字符串 str，命令如下：

[root@localhost ~]# str="The \$SHELL current shell is $SHELL"

[root@localhost ~]# echo $str　　　　　　#再次输出字符串 str

[root@localhost ~]# echo $SHELL　　　　　#再次输出环境变量$SHELL 的值

在终端界面输入以上命令，显示结果如下：

```
[root@localhost test]# str="The \$SHELL current shell is $SHELL"
[root@localhost test]# echo $str
The $SHELL current shell is /bin/bash
[root@localhost test]# echo $SHELL
/bin/bash
[root@localhost test]#
```

转义符是一种非常有用的工具，可以帮助我们更有效地处理命令和文本。

第 6 章

Linux 软件包管理

软件包管理是一种在系统上安装、维护软件的方法。目前，很多人通过安装 Linux 经销商发布的软件包来满足其所有的软件需求。这与早期的 Linux 形成了鲜明的对比。因为在 Linux 早期，想要安装软件必须先下载源代码，然后对其进行编译。这并不是说编译源代码不好，而是源代码的公开恰是 Linux 吸引人的一大亮点。编译源代码赋予用户自主检查、提升系统的能力，只是使用预先编译的软件包会更快、更容易。

本章将介绍一些用于 Linux 软件包管理的命令行工具。虽然所有主流的 Linux 发行版本都提供了强大的、维持系统运行的图形化界面操作程序，但学习命令行程序同样重要，因为它可以执行许多图形化程序很难甚至无法完成的任务。

本章首先介绍软件包系统，再介绍如何使用 rpm 和 dnf 来安装软件包。rpm 是 UOS Server 用来安装、创建、管理软件包的实用工具，而 dnf 则是一款安装包管理工具，用来取代传统的 YUM。需要注意的是，如果使用的不是服务器版 UOS，而是桌面版 UOS，则需要使用 dpkg 和 apt 来代替 rpm、dnf 这两个命令。在有了一定的应用能力后，还可以尝试直接从源代码编译软件。软件包安装完成后，可以使用 find、locate、whereis、which 和命令来查找与定位已安装好的软件。

6.1 软件包系统

不同的 Linux 发行版用的是不同的软件包系统，并且原则上，适用于一种发行版的软件包与其他版本是不兼容的。多数 Linux 发行版采用两种软件包技术阵营，即 Debian 的 .deb 技术和 Red Hat 的 .rpm 技术。当然也有一些特例，如 Gentoo、Slackware 和 Foresight 等。

在非开源软件产业中，给系统安装一个新应用，通常需要先购买"安装光盘"之类的安装介质，然后运行安装向导进行安装。但 Linux 并不是这样。事实上，Linux 系统所有软件均可以在网上找到，并且多数是以软件包文件的形式由发行商提供的，其余的则以可手动安装的源代码形式存在。

1. 软件包的相关概念

下面介绍软件包文件、库、高级和低级软件包工具等软件包的相关概念。

1) 软件包文件

软件包文件是组成软件包系统的基本软件单元，它是由组成软件包的文件压缩而成的文件集。一个包文件可能包含大量的程序以及支持这些程序的数据文件，既包含了安装文件，又包含了有关包自身及其内容的文本说明之类的软件包元数据。此外，许多软件包中还包含了在安装软件包前后所执行配置任务的安装脚本。

2) 库

虽然一些软件项目选择自己包装和分销，但目前多数软件包均由发行商或第三方创建。Linux 用户可以从其所使用的 Linux 版本的中心库中获得软件包。中心库一般包含了成千上万个软件包，而且每一个都是专门为该发行版本建立和维护的。

在软件开发的不同阶段，一个发行版本可能会维护多个不同仓库。例如，通常会有一个测试库，该库里面存放的是刚创建的、用于调试者在软件包正式发布前查找漏洞的软件包。另外，一个发行版本通常还会有一个开发库，存放的是下一个公开发行的版本中所包含的开发中的软件包。

3) 高级和低级软件包工具

软件包管理系统通常包含两类工具，即执行如安装、删除软件包文件等任务的低级工具和进行元数据搜索及提供依赖性解决的高级工具。

2. 软件包内容分类

Linux 应用程序的软件包按内容可分为可执行文件和源程序两类。

1) 可执行文件(编译后的二进制软件包)

可执行文件是指解开包后就可以直接运行的文件。在 Windows 中所有的软件包都是这种类型。在安装完程序后就可以使用该程序，但看不到源程序。而且，下载时要注意这个软件是否适合所使用的平台，否则将无法正常安装。

·优点：使用简单，只需要几个命令就可以实现包的安装、升级、查询、卸载，并且安装速度快。

·缺点：不能看到源代码，功能选择不如源代码灵活，且有依赖性。

2) 源程序(源码包)

解开包后，还需要使用编译器将源程序编译成为可执行文件。这在 Windows 系统中是几乎没有的，因为 Windows 的思想是不开放源程序的。

• 优点：开源，可以自由选择所需的功能，可看到源代码，卸载方便(直接删除安装位置)。

• 缺点：安装步骤过多，编译时间过长。

几乎所有的 Linux 发行版本都使用某种形式的软件包管理安装、更新和卸载软件。与直接从源代码安装相比，软件包管理易于安装、卸载、更新已安装的软件包，保护配置文件以及跟踪已安装文件。

3. Linux 软件包安装方式

Linux 常见的软件安装方式有在线仓库安装和零散软件包安装两种。

1) 在线仓库安装

dnf 是一种常见的包管理器，用来通过在线仓库安装软件，该管理器突破了 YUM(Shell 前端软件包管理器)的一些瓶颈，提升了包括用户体验、内存占用、依赖分析、运行速度等多方面的内容。dnf 使用 rpm、libsolv 和 hawkey 库进行包管理操作。

2) 零散软件包安装

rpm(红帽软件包管理器)通常用于离线环境下安装零散软件包。它是一个功能强大的命令行包管理工具，是为 Red Hat 操作系统开发的，已被用作许多 Linux 发行版的核心组件。rpm 软件包管理器允许在基于 rpm 的 Linux 系统上安装、升级、删除、查询和验证软件包。rpm 文件的扩展名为 .rpm，rpm 包由一个存档文件组成，其中包含了一个特定包的库和依赖关系，这些库和依赖关系与系统上安装的其他包不冲突。

6.2　在线仓库安装

因为以 dnf 和 apt 为代表的在线仓库法可以自动解决软件包的依赖方式，所以它们是各大 Linux 发行版安装软件的首选方式。

统信服务器版采用了 dnf 方案，而统信桌面版采用了 apt 方式。

6.2.1　采用 dnf 方式安装、更新、卸载软件

dnf 是新一代的软件包管理器，用于安装、更新、卸载 Linux 系统中的软件。它最初应用于 Fedora 18 系统中，后来解决了 YUM 中的诸多瓶颈问题，如占用大量内存、臃肿的软件依赖关系、运行速度缓慢等。dnf 与 YUM 命令的执行格式高度相同，只需要将传统的软件包管理操作中的 YUM 替换为 dnf 命令即可。其语法格式如下：

dnf [参数] 软件名

常用在线仓库安装命令如表 6-1 所示。

表 6-1　常用在线仓库安装命令

软件仓库	dnf	apt
适用发行版	UOS Server(统信服务器版)	UOS Desktop(统信桌面版)
安装	dnf install 软件包名	apt install 软件包名
更新	dnf update 软件包名	apt update && apt upgrade 软件包名
列出已安装	dnf list installed	apt list --installed
卸载	dnf remove 软件包名	apt remove 软件包名
对应包格式	.rpm	.deb

【例 6-1】安装指定的软件，命令如下：

[root@uniontech ~]# dnf list installed | grep nano　　　#查看是否已安装 nano

[root@uniontech ~]# dnf　-y remove nano　　　　　　　#卸载旧版 nano

[root@uniontech ~]# dnf install -y nano　　　　　　　　#安装 nano 编辑器

6.2.2　添加、更新与启用 dnf 软件源

在 UOS Server 系统中，假设想添加新的软件源文件，分别叫作 openeuler.repo 和 anolis.repo，并且希望它们与原版的 UniontechOS.repo 文件共存且同时生效，操作步骤如下：

(1) 创建新的软件源文件。使用 Vim 或其他文本编辑器创建两个新的.repo 文件，命令如下：

sudo vim /etc/yum.repos.d/openeuler.repo　　　　　#创建新文件 openeuler.repo 并编辑

sudo vim /etc/yum.repos.d/anolis.repo　　　　　　　#创建新文件 anolis.repo 并编辑

(2) 编辑新的软件源文件。

在 openeuler.repo 文件中添加华为欧拉源的配置，内容如下：

[openEuler]

name=OpenEuler Repository

baseurl=http://repo.openeuler.org/openEuler_22.05

enabled=1

gpgcheck=1

gpgkey=http://repo.openeuler.org/RPM-GPG-KEY-openEuler

在 anolis.repo 文件中添加阿里龙蜥源的配置，内容如下：

[AnolisOS]

name=AnolisOS Repository

baseurl=http://mirrors.aliyun.com/anolis/8/main/$basearch/

enabled=1

gpgcheck=1

gpgkey=http://mirrors.aliyun.com/anolis/RPM-GPG-KEY-AnolisOS

根据实际情况替换上述 URL(Universal Resource Locator，统一资源定位符)和 GPG 密钥。

(3) 使用 dnf config-manager 添加新源。将刚才创建的两个 .repo 文件添加到 dnf 管理器中，命令如下：

sudo dnf config-manager --add-repo /etc/yum.repos.d/openeuler.repo

sudo dnf config-manager --add-repo /etc/yum.repos.d/anolis.repo

(4) 启用新添加的源。使用以下命令启用新添加的源：

sudo dnf config-manager --set-enabled openEuler

sudo dnf config-manager --set-enabled AnolisOS

(5) 更新 dnf 的缓存，以便新添加的源生效，命令如下：

sudo dnf makecache

(6) 更新 dnf 软件包列表，以确保系统知道最新可用的软件包，命令如下：

sudo dnf update

(7) 列出所有启用的软件源，以确认新的源已经被正确添加和启用，命令如下：

sudo dnf repolist

按照这些步骤操作完成，新的 openeuler.repo 和 anolis.repo 文件将与原版的 UniontechOS.repo 文件共存，并且它们的软件源都将被 dnf 所使用。

6.3　零散软件包安装

本节将介绍 rpm(或 dpkg)方式安装零散包。

6.3.1　使用 curl 下载零散包

curl 命令是英文词组 "CommandLine URL" 的缩写，其功能是在 Shell 终端界面中基于 URL 规则进行文件传输工作。它是一款综合性的传输工具，可以上传，也可以下载，并且支持 HTTP、HTTPS、FTP 等 30 余种常见协议。其语法格式如下：

curl　参数　网址 URL　文件名

curl 命令常用参数及其作用如表 6-2 所示。

表 6-2　curl 命令常用参数及其作用

参　数	作　用
curl [options...] [URL]	基本语法，指定 URL 和选项
-o <文件名>	将输出保存到文件中
-O	使用远程文件名保存输出
-d <数据>	发送 POST 请求时附带的数据
-H "<头部信息>"	发送请求时附加的自定义头部信息
-X <请求方法>	指定请求的方法，如 GET、POST 等
-u <用户名>:<密码>	指定用户名和密码进行身份验证
-L	跟随重定向
-k	忽略 SSL 证书验证
-s	静默模式，减少输出信息
-v	详细模式，增加输出信息

【例 6-2】安装指定软件包，命令如下：

[root@uniontech ~]# curl -O https://mirrors.aliyun.com/centos/8-stream/BaseOS/x86_64/os/ Packages/tmux-2.7-3.el8.x86_64.rpm　　　　　　　#下载 tmux 安装包

[root@uniontech ~]# curl -O https://nginx.org/download/nginx-1.25.2.tar.gz

#下载 NGINX 源码包

6.3.2　使用 tar 解压零散包

Linux 下常见的压缩包有 .zip、 .tar、 .gz 等格式，可以使用对应的命令来解压缩它们。

tar 命令用于解压缩和压缩文件，能够解压或制作出 Linux 系统中常见的 .tar、.tar.gz、.tar.bz2 等格式的压缩包文件。其语法格式如下：

tar　参数　压缩包名 [文件或目录名]

tar 命令常用参数及其作用如表 6-3 所示。

表 6-3　tar 命令常用参数及其作用

参　数	作　用
-c	创建压缩文件
-x	解开压缩文件
-t	查看压缩包内有哪些文件
-z	用 Gzip 压缩或解压
-j	用 bzip2 压缩或解压
-v	显示压缩或解压的过程
-f	目标文件名
-p	保留原始的权限与属性
-P	使用绝对路径来压缩
-C	指定解压到的目录

【例 6-3】解压指定文件，命令如下：

[root@uniontech ~]# tar xzvf nginx-1.25.2.tar.gz   #解压到当前工作目录

对于 UOS Server 1050 版本以后的系统，解压缩时可以不添加格式参数(如 z 或 j)，系统也能自动进行分析并解压。

tar 命令除了用于解压，还能用于压缩。

【例 6-4】压缩指定文件，命令如下：

[root@uniontech ~]# tar -czvf   etc.tar.gz /etc #将指定文件压缩

把要传输的文件先进行压缩再进行传输，能够更好地提高工作效率，方便分享。

Linux 下将文件归档和文件压缩分开，只用 tar 可将数据文件归档，借助-z 或-j 参数可进行压缩与解压，其中-z 对应 tar.gz 格式，-j 对应 tar.bz 格式。

6.3.3 使用 rpm 安装零散包

rpm 管理器用于在 Linux 系统下对软件包进行安装、卸载、查询、验证、升级等工作，常见的主流系统(如统信 UOS Server、阿里 Anolis、华为 openEuler 等)都采用这种软件包管理器。

一般来说，首选使用 dnf(或 apt)方式从软件库安装在线软件包，因为这样可以自动解决依赖关系。但是如果要安装的软件包在仓库中找不到，或者处于离线状态，这时就需要采用零散软件包的安装方式。

常用零散软件包安装命令如表 6-4 所示。

表 6-4　常用零散软件包安装命令

零散软件包格式	rpm	dpkg
适用发行版	UOS Server(统信服务器版)	UOS Desktop(统信桌面版)
安装软件包	rpm -ivh package.rpm	dpkg -i package.deb
更新软件包	rpm -uvh package.rpm	dpkg -i package.deb (通常不用于更新)
卸载软件包	rpm -e package_name	dpkg -r package_name
列出已安装的软件包	rpm -qa	dpkg -l
搜索软件包	rpm -q package_name	dpkg -s package_name
检查软件包状态	rpm -q package_name	dpkg -c package_name

安装软件时命令的基本格式如下：

rpm -ivh 包全名   #-i 表示安装，-v 显示详情，-h 显示进度条

卸载软件时命令的基本格式如下：

rpm -evh 软件名   #-e 表示卸载，-v 显示详情，-h 显示进度条

【例 6-5】安装指定 rpm 包，命令如下：

[root@uniontech ~]# rpm -ivh tmux-2.7-3.el8.x86_64.rpm #安装 tmux

在安装软件时，系统会检查其依赖性，如果有软件所需的其他软件未安装，则会报错。

可以使用-nodeps 选项来强制安装而不检测依赖，但安装完一般都不能用，这是因为依赖的软件未安装。

在卸载软件时，需要先卸载软件安装后在软件基础上安装的其他模块(没有可忽略)，否则会报错，也可以使用-nodeps 选项来强制卸载而不检测依赖，但可能会引起其他软件无法使用。

6.4 查找与定位文件命令

在 Linux 系统中，当需要查找特定的文件或目录时，会使用强大的搜索工具是非常重要的。本节将介绍 find、locate、whereis 和 which 这 4 个常用的命令，它们能够帮助用户快速定位或查找文件。

在介绍查找文件之前，首先了解一下 Linux 的路径环境变量。路径环境变量是一个包含多个目录路径的字符串，每个路径之间用冒号(:)分隔。命令行是用户与操作系统交互的界面，通过命令行可以执行各种操作。在命令行输入一个指令时，系统会到这些路径中去查找可执行文件。

1. find 命令

find 命令的功能是根据给定的路径和条件查找相关文件或目录，参数灵活方便，且支持正则表达式，结合管道符能够实现更加复杂的功能，是 Linux 系统运维人员必须掌握的命令之一。其语法格式如下：

find [路径] [条件] 文件名

find 命令常用参数及其作用如表 6-5 所示。

表 6-5 find 命令常用参数及其作用

参　　数	作　　用
-name	根据文件名查找文件
-user	根据文件拥有者查找文件
-group	根据文件所属组查找文件
-perm	根据文件权限查找文件
-size	根据文件大小查找文件
-type	根据文件类型查找文件
-o	表达式或(OR)
-a	表达式与(AND)

【例 6-6】利用 find 在指定目录下查找文件，命令如下：

[root@localhost ~]# find /usr/bin -name "*ssh*"　# 按文件名查找"ssh"相关文件

在终端界面输入以上命令，显示结果如下：

/usr/bin/ssh

/usr/bin/ssh-add

/usr/bin/ssh-agent

：

find 命令的主要特点如下：

(1) 从指定路径递归向下搜索文件。

(2) 支持按各种条件进行搜索。

find 命令是从根目录(/)开始进行全盘搜索，支持对搜索得到的文件再进一步的使用指令操作(如删除、统计大小、复制等)，常见类型有：　f(普通文件) 、c(字符设备文件)、b(块设备文件)、l(链接)、d(目录)。

2. locate 命令

locate 命令的功能是快速查找文件或目录。与 find 命令进行全局搜索不同，locate 命令是基于数据文件(/var/lib/locatedb)进行的定点查找，由于缩小了搜索范围，因此速度较快。其语法格式如下：

locate [参数] 文件名

locate 命令常用参数及其作用如表 6-6 所示。

表 6-6　locate 命令常用参数及其作用

参　数	作　用
-b	仅匹配文件名
-c	不输出文件名
-d	设置数据库所在目录
-I	忽略大小写
-l	限制最大查找数量
-q	静默执行模式 -r 使用正则表达式
-S	显示数据库的统计信息
-w	匹配完整的文件路径
--help	显示帮助信息
--version	显示版本信息

【例 6-7】搜索带有指定关键词的文件，命令如下：

[root@localhost ~]# updatedb　　　　　　　　#使用 updatedb 更新 locatedb 索引

[root@localhost ~]# locate docker　　　　　　#使用 locate 查找 docker 的位置

在终端界面输入以上命令，显示结果如下：

```
# /etc/docker
# /etc/docker/daemon.json
# /usr/bin/docker
# /usr/bin/docker-compose
# :
```

与 find 命令进行全局搜索不同，locate 命令是基于数据文件(/var/lib/locatedb)进行的定点查找，由于缩小了搜索范围，因此速度快很多。

3．whereis 命令

whereis 来自英文词组"where is"，该命令用于显示命令及相关文件的路径位置信息。使用该命令能够找到命令(二进制程序)、命令源代码、man 帮助手册等相关的文件路径位置信息，便于更好地管理这些文件。其语法格式如下：

whereis [参数] 命令名

whereis 命令常用参数及其作用如表 6-7 所示。

表 6-7　whereis 命令常用参数及其作用

参　　数	作　　用
-b	查找二进制程序或命令文件
-m	查找 man 帮助手册文件
-s	仅查找源代码文件
-u	查找可执行文件、源代码及帮助文档

【例 6-8】查找指定命令程序及相关文件所在位置，命令如下：

[root@localhost ~]# whereis ifconfig　　　#使用 whereis 查找 ifconfig 的位置

在终端界面输入以上命令，显示结果如下：

ifconfig: /sbin/ifconfig /usr/share/man/man8/ifconfig.8.gz

有别于 find 命令进行全盘搜索，whereis 命令的查找速度非常快，因为它不是在磁盘中乱找，而是在指定数据库中查询。该数据库是 Linux 系统自动创建的，包含有本地所有文件的信息，每天自动更新一次。但正因为这样，whereis 命令的搜索结果可能会不准确。例如，可能搜不到刚添加的文件，原因就是该数据库文件没有被更新，此时管理人员就需要手动执行 updatedb 命令进行更新。

4．which 命令

which 命令的功能是查找命令文件，它能够快速搜索二进制程序所对应的位置，即查找并显示给定命令的绝对路径，环境变量$PATH 中保存了查找命令时需要遍历的目录。which 命令会在环境变量$PATH 设置的目录里查找符合条件的文件。也就是说，使用 which 命令，就可以看到某个系统命令是否存在以及执行的命令的位置。which 是 Shell 内建命令，内建命令要比系统命令有更高的执行效率。其语法格式如下：

which [参数] 文件名

which 命令常用参数及其作用如表 6-8 所示。

表 6-8 which 命令常用参数及其作用

参 数	作 用
-a	显示环境变量$PATH 中所有匹配的可执行文件
-n	设置文件名长度(不含路径)
-p	设置文件名长度(含路径)
-V	显示版本信息
-w	设置输出时栏位的宽度
--help	显示帮助信息
--read-functions	从标准输入中读取 Shell 函数定义
--show-tilde	使用波浪线代替路径中的家目录
--skip-dot	跳过环境变量$PATH 中以点号开头的目录

【例 6-9】查找某个指定命令文件所在位置，命令如下：

[root@localhost ~]# which ls   #查找 ls 命令文件所在位置
[root@localhost ~]# which cd   #查找 cd 命令文件所在位置
[root@localhost ~]# which find   #查找 find 命令文件所在位置
在终端界面输入以上命令，显示结果如下：

```
[root@localhost ~]# which  ls
/usr/bin/ls
[root@localhost ~]# which  cd
/usr/bin/cd
[root@localhost ~]# which   find
/usr/bin/find
[root@localhost ~]#
```

如果既不关心同名文件，也不关心命令所对应的源代码和帮助文件，仅仅想找到命令本身所在的路径，那么使用 which 命令就很合适。

find、locate、whereis 和 which 都是在 UNIX 和 Linux 系统中用于查找文件或命令的工具，但它们之间又有着明显的区别：

(1) find 是最强大和灵活的搜索工具，但也是最慢的。

(2) locate 使用预先构建的数据库来快速查找文件，但无法找到最近添加或移动的文件。

(3) whereis 主要用于查找系统命令的位置，包括二进制文件、源代码和手册页。

(4) which 在环境变量$PATH 中查找可执行文件，但只返回第一个匹配的结果。

第 7 章

Linux 进程管理与系统监控

Linux 系统上中所有运行的程序都可以称为一个进程,如每个用户任务和每个系统管理任务。进程是一个程序的执行过程。

在 Linux 系统中,进程管理是系统管理员的重要任务之一。它涉及进程的创建、监控、调试和终止等多个方面。有效的进程管理策略可以提高系统的性能、可靠性和安全性。

本章将深入探讨 Linux 进程管理的核心概念、策略和实用工具,便于更好地管理系统进程。熟悉本章内容后,结合其他工具(如监控工具、日志分析工具等)和技术可以更好地管理和优化系统性能,为系统稳健运行提供保障。

7.1 Linux 进程管理概述

Linux 是一种基于 UNIX 的操作系统,旨在提供稳定、高效、安全的环境。在 Linux 下,每个正在运行的程序都是一个进程。进程是计算机系统中最为重要的一种资源,也是操作系统管理的最基本单元。进程管理涉及的核心概念包括:

• 进程:正在运行的程序实例,它是操作系统资源分配的基本单位。

• PID:每个进程都有一个标识符(Process Identifier),用于唯一标识进程。

• 父进程和子进程:进程可以创建其他进程,这些进程称为子进程。父进程可以监控和管理其子进程。

在 Linux 中,每个进程可能会处于不同的状态,常见的进程状态包括:

• Running:正在执行。

• Sleeping:等待某种条件的满足。

• Stopped:被暂停(通常是接收到 SIGSTOP 或 SIGTSTP 信号)。

· Zombie：子进程已经结束，但是父进程还没有调用 wait()来获取子进程的退出状态。

Linux 进程管理的策略就是通过合理规划系统资源、监控关键进程、优化系统性能、定期审查进程状态来实现的。

· 合理规划系统资源：根据实际需求和系统资源情况，合理规划系统资源，确保系统正常运行。

· 监控关键进程：对于关键进程进行实时监控，确保其正常运行，并及时处理异常情况。

· 优化系统性能：通过调整系统参数和配置，优化系统性能，提高系统响应速度和吞吐量。

· 定期审查进程状态：定期审查进程状态和使用情况，及时发现和处理异常进程。

7.2 系统状态检测

通过相关命令(如 uname、free 和 uptime 等)检查系统状态以及资源耗用情况，保证系统健康稳定运行。

1. uname 命令

uname 是英文词组"unix name"的缩写，该命令用于查看系统主机名、内核及硬件架构、版本等信息。其语法格式如下：

uname [参数]

uname 命令常用参数及其作用如表 7-1 所示。

表 7-1　uname 命令常用参数及其作用

参　　数	作　　用
-a	显示系统所有相关信息
-i	显示硬件平台
-m	显示计算机硬件架构
-n	显示主机名称
-o	显示操作系统名称
-p	显示主机处理器类型
-r	显示内核发行版本号
-s	显示内核名称
-v	显示内核版本
--help	显示帮助信息
--version	显示版本信息

【例 7-1】查看系统相关信息，命令如下：

[root@uniontech ~]# uname　　　　　　　　　　#显示系统信息

[root@uniontech ~]# uname -r　　　　　　　　　#输出内核发行版本号

[root@uniontech ~]# uname -a　　　　　　　　　#详细显示操作系统信息

在终端界面输入以上命令，显示结果如下：

```
[root@localhost ~]# uname
Linux
[root@localhost ~]# uname -r
5.10.0-46.uel20.x86_64
[root@localhost ~]# uname -a
Linux localhost.localdomain 5.10.0-46.uel20.x86_64 #1 SMP Fri May 12 19:59:08 CST 2023 x86_64 x86_64 x86_64 GNU/Linux
[root@localhost ~]#
```

在使用 uname 命令时，如果不加任何参数，默认仅显示系统内核名称，相当于使用-s 参数。

2. free 命令

free 命令的功能是显示系统内存的使用情况，包括物理内存、交换内存(swap)和内核缓冲区内存。其语法格式如下：

free [参数]

free 命令常用参数及其作用如表 7-2 所示。

表 7-2　free 命令常用参数及其作用

参　数	作　用
-b	设置显示单位为 B
-g	设置显示单位为 GB
-h	自动调整合适的显示单位
-k	设置显示单位为 KB
-l	显示低内存和高内存的统计数据
-m	设置显示单位为 MB
-o	不显示缓冲区数据列
-s	持续显示内存数据
-t	显示内存使用总和
-V	显示版本信息

【例 7-2】以默认的和特定的容量单位显示内存使用量信息，命令如下：

[root@uniontech ~]# free

[root@uniontech ~]# free -g　　　　　　#以 GB 为单位查看内存

[root@uniontech ~]# free -s10　　　　　　#每 10 s 更新一次内存信息

在终端界面输入以上命令，显示结果如下(其中第 3 条命令的结果为动态更新，无法以图片方式呈现)：

```
[root@uniontech ~]# free
              total        used        free      shared  buff/cache   available
Mem:        3509116      804844     1286684      171604     1417588     2186000
Swap:       4165628           0     4165628
[root@uniontech ~]# free -g
              total        used        free      shared  buff/cache   available
Mem:              3           0           1           0           1           2
Swap:             3           0           3
[root@uniontech ~]# free -s 10
```

使用 free 命令查看系统内存使用状况时的反馈结果如表 7-3 所示。

表 7-3　free 命令的反馈结果

字　段	描　　述
free -m	以 MB 为单位显示内存使用情况；-g 是以 GB 为单位；默认是按照 KB 为单位
total	物理内存总量
used	已用物理内存量
free	空闲物理内存量
shared	被共享使用的物理内存大小
buff/cache	磁盘缓存的大小
available	还可以被应用程序使用的物理内存大小，available = free + buffer + cache

通过使用 free 命令，可以了解包含物理与交换内存的总量、使用量和空闲量等相关情况。

3. uptime 命令

uptime 命令用于查看系统负载，可以显示当前系统时间、系统已运行时间、启用终端数量以及平均负载值等信息。平均负载值指系统在最近 1 min、5 min、15 min 内的压力情况，负载值越低越好。在应用中，平均负载值尽量不要长期超过 1；在生产环境中，平均负载值不要超过 5。其语法格式如下：

uptime [参数]

uptime 命令常用参数及其作用如表 7-4 所示。

表 7-4　uptime 命令常用参数及其作用

参　数	作　用
-p	以更易读的方式显示
-s	显示本次开机时间
--help	显示帮助信息
--version	显示版本信息

【例 7-3】查看当前系统负载及相关信息，命令如下：

[root@uniontech ~]# uptime

在终端界面输入以上命令，显示结果如下：

```
[root@localhost ~]# uptime
 11:32:08 up  1:15,  1 user,  load average: 4.00, 2.24, 1.31
```

7.3　进程管理

1. 进程管理的主要作用

进程管理的主要作用如下：

(1) 判断服务器的健康状况。进程管理最主要的工作就是判断服务器当前的运行是否健康、是否需要人为干预。如果服务器的 CPU 占用率和内存占用率过高，就需要人为介入解决问题。此时，应该查看并判断这个进程是不是正常进程。如果该进程是正常进程，则说明服务器已经不能满足应用需求，需要更好的硬件或搭建集群了；如果该进程是非法进程，占用了系统资源，则更不能直接终止进程，而要判断非法进程的来源、作用和所在位置，从而把它彻底清除。

(2) 查看系统中的所有进程。需要查看系统中所有正在运行的进程，通过这些进程可以判断出系统中运行了哪些服务、是否有非法服务在运行。

(3) 终止进程。这是进程管理中最不常用的手段。一般情况下，当需要停止服务时，会通过正确关闭命令来停止服务，例如，apache 服务可以通过 service httpd stop 命令来关闭。只有在正确终止进程的手段失效的情况下，才会考虑使用 kill 命令终止进程。

2. 进程管理的常用命令

1) ps 命令

ps 是英文词组 "process status" 的缩写，译为 "进程"，该命令用于显示当前系统的进程状态，如进程的号码、发起者、系统资源使用占比(处理器与内存)、运行状态等。其语法格式如下：

ps [参数]

ps 命令常用参数及其作用如表 7-5 所示。

表 7-5　ps 命令常用参数及其作用

参　　数	作　　用
a	显示所有关联到终端的进程
u	列出进程的用户
x	显示没有控制终端的进程，如后台进程

使用 ps 命令可以查看进程的所有信息，如进程的号码、发起者、系统资源使用占比、运行状态等。其相关返回值的含义如表 7-6 所示。

表 7-6   ps 命令返回值的含义

返回值	USER	PID	%CPU	%MEM	VSZ	RSS	TTY	STAT	START	TIME	COMMAND
含义	进程的所有者	进程 ID 号	运算器占用率	内存占用率	虚拟内存使用量(单位是 KB)	占用的固定内存量(单位是 KB)	所在终端	进程状态	被启动的时间	实际使用 CPU 的时间	命令名称与参数

【例 7-4】查看进程信息,命令如下:

[root@uniontech ~]# ps -aux

在终端界面输入以上命令,显示结果如下:

```
[root@uniontech ~]# ps -aux
USER        PID %CPU %MEM    VSZ    RSS TTY      STAT START    TIME COMMAND
root          1  0.3  0.3 171396 13504 ?        Ss   07:32    0:59 /usr/lib/s
root          2  0.0  0.0      0     0 ?        S    07:32    0:00 [kthreadd]
root          3  0.0  0.0      0     0 ?        I<   07:32    0:00 [rcu_gp]
root          4  0.0  0.0      0     0 ?        I<   07:32    0:00 [rcu_par_g
root          6  0.0  0.0      0     0 ?        I<   07:32    0:00 [kworker/0
root          8  0.0  0.0      0     0 ?        I<   07:32    0:00 [mm_percpu
root          9  0.0  0.0      0     0 ?        S    07:32    0:00 [rcu_tasks
root         10  0.0  0.0      0     0 ?        S    07:32    0:00 [rcu_tasks
root         11  0.0  0.0      0     0 ?        S    07:32    0:09 [ksoftirqd
root         12  0.2  0.0      0     0 ?        I    07:32    0:45 [rcu_sched
root         13  0.0  0.0      0     0 ?        S    07:32    0:01 [migration
root         14  0.0  0.0      0     0 ?        S    07:32    0:00 [cpuhp/0]
root         15  0.0  0.0      0     0 ?        S    07:32    0:00 [cpuhp/1]
root         16  0.0  0.0      0     0 ?        S    07:32    0:03 [migration
root         17  0.0  0.0      0     0 ?        S    07:32    0:06 [ksoftirqd
root         19  0.0  0.0      0     0 ?        I<   07:32    0:00 [kworker/1
root         20  0.0  0.0      0     0 ?        S    07:32    0:00 [cpuhp/2]
root         21  0.0  0.0      0     0 ?        S    07:32    0:04 [migration
root         22  0.0  0.0      0     0 ?        S    07:32    0:07 [ksoftirqd
root         24  0.0  0.0      0     0 ?        I<   07:32    0:00 [kworker/2
root         25  0.0  0.0      0     0 ?        S    07:32    0:00 [cpuhp/3]
root         26  0.0  0.0      0     0 ?        S    07:32    0:03 [migration
root         27  0.0  0.0      0     0 ?        S    07:32    0:05 [ksoftirqd
root         29  0.0  0.0      0     0 ?        I<   07:32    0:00 [kworker/3
root         31  0.0  0.0      0     0 ?        S    07:32    0:00 [kdevtmpfs
root         32  0.0  0.0      0     0 ?        I<   07:32    0:00 [netns]
root         33  0.0  0.0      0     0 ?        S    07:32    0:00 [kauditd]
root         36  0.0  0.0      0     0 ?        S    07:32    0:00 [khungtask
root         37  0.0  0.0      0     0 ?        S    07:32    0:00 [oom_reape
root         38  0.0  0.0      0     0 ?        I<   07:32    0:00 [writeback
root         39  0.0  0.0      0     0 ?        S    07:32    0:02 [kcompactd
root         40  0.0  0.0      0     0 ?        SN   07:32    0:00 [ksmd]
root         41  0.0  0.0      0     0 ?        SN   07:32    0:12 [khugepage
root         42  0.0  0.0      0     0 ?        I<   07:32    0:00 [memcg_wma
```

使用 ps 命令能够及时地发现哪些进程出现"僵死"或"不可中断"等异常情况。ps 命令经常会与 kill 命令搭配使用来中断和删除不必要的服务进程，避免服务器资源的浪费。

2) kill 命令

kill 命令的功能是终止(结束)进程。Linux 系统中如果需结束某个进程，既可以使用如 service 或 systemctl 等管理命令来结束进程，也可以使用 kill 命令直接结束进程。其语法格式如下：

kill [信号参数] 进程号

kill 命令常用信号参数及其作用如表 7-7 所示。

表 7-7　kill 常用信号参数及其作用

参　　数	作　　用
1(HUP)	重新加载进程
9(KILL)	强制终止进程
15(TERM)	正常停止一个进程

【例 7-5】强制终止指定进程，命令如下：

[root@uniontech ~]# cp /dev/cdrom mycd.iso &　　　　　#后台运行复制任务
[root@uniontech ~]# kill -9 8158　　　　　　　　　#强制终止指定进程

在终端界面输入以上命令，显示结果如下：

```
[root@uniontech ~]# cp /dev/cdrom mycd.iso &
[1] 8158
[root@uniontech ~]# kill -9  8158
```

使用信号 9 表示强制进行终止动作。

3) jobs 命令

jobs 命令用于控制进程或作业。在 Linux 系统中，作业可以分为前台作业和后台作业。前台作业是在终端窗口中直接执行的作业，执行完毕后会等待下一个操作。后台作业是在后台运行的作业，执行后不会等待下一个操作，而是继续运行。这时，就需要使用 jobs 命令来控制后台作业。

jobs 命令可以用于列出当前所有的后台作业、将后台作业置于前台、终止正在运行的作业、暂停和恢复后台作业、在后台运行新的任务等相关操作。其语法格式如下：

jobs [参数]

jobs 命令常用参数及其作用如表 7-8 所示。

表 7-8　jobs 常用参数及其作用

参　　数	作　　用
-l	显示作业列表及进程号
-n	仅显示自发生变化的作业
-p	仅显示其对应的进程号
-r	仅显示运行的作业
-s	仅显示暂停的作业
-x	替代原有作业的进程 ID

【例 7-6】显示当前后台的作业列表，命令如下：

[root@uniontech ~]# jobs

在终端界面输入以上命令，显示结果如下：

```
[root@uniontech ~]# jobs
[1]+ 已杀死                  cp -i /dev/cdrom mycd.iso
[root@uniontech ~]#
```

Linux 系统运维人员可以使用 jobs 命令查看到当前系统中终端后台的任务列表及其运行状态，从而直观地了解到当前有哪些正在后台运行的工作。

7.4　系统监控工具

在 Linux 系统中，系统监控工具是非常重要的，它可以帮助管理员及时发现系统故障、优化系统性能等。通过使用 top、systemctl 等命令可以实现对系统的监控。

1. top 命令

top 命令用于实时显示系统的运行状态，包含处理器、内存、服务、进程等重要资源信息。

【例 7-7】实时显示系统运行状态，命令如下：

[root@uniontech ~]# top

在终端界面输入以上命令，显示结果如下：

```
top - 12:50:57 up  1:10,  1 user,  load average: 1.96, 0.62, 0.63
Tasks: 258 total,   1 running, 257 sleeping,   0 stopped,   0 zombie
%Cpu(s):  2.2 us,   4.1 sy,  0.0 ni, 83.3 id,  0.0 wa,  8.8 hi,  1.6 si,  0.0 st
MiB Mem :   3358.8 total,    618.5 free,   1139.1 used,   1601.3 buff/cache
MiB Swap:   2084.0 total,   2084.0 free,      0.0 used.   1795.4 avail Mem

  PID USER      PR  NI    VIRT    RES    SHR S  %CPU  %MEM     TIME+ COMMAND
 1913 root      20   0   36316   9104   6960 S  12.9   0.3   1:55.18 pmdaproc
  947 root      20   0  264588  35932  34560 S   8.3   1.0   1:31.81 sssd_nss
12147 root      20   0 1777180 115092  94744 S   2.3   3.3   0:02.06 deepin-terminal
 1376 root      20   0  553700  12804  10416 S   1.7   0.4   1:14.10 deepin-devicema
 5150 root      20   0 1720740 174092 102156 S   1.7   5.1   1:50.17 dde-lock
 1424 root      20   0  913196 122784  77320 S   1.0   3.6   2:01.31 Xorg
 1497 root      20   0 1527084  85172  38996 S   1.0   2.5   1:10.95 dockerd
12237 root      20   0  224816   4544   3844 R   1.0   0.1   0:00.15 top
 1896 pcp       20   0  109444   5948   4380 S   0.7   0.2   1:14.03 pmcd
 1943 root      20   0   24968   7508   6324 S   0.7   0.2   0:59.31 pmdalinux
 1960 root      20   0 1469360  38868  15344 S   0.7   1.1   0:53.70 containerd
 5123 root      20   0  333308  17444  15332 S   0.7   0.5   0:22.97 vmtoolsd
   12 root      20   0       0      0      0 I   0.3   0.0   0:16.51 rcu_sched
  846 root       0 -20  389684   7372   2236 S   0.3   0.2   0:23.89 sresar
 1300 root      20   0  358536   8872   7692 S   0.3   0.3   0:27.96 vmtoolsd
 1385 root      20   0  555896  29652  15488 S   0.3   0.9   0:19.76 tuned
 4579 root      20   0 2219364 220236 125476 S   0.3   6.4   0:56.32 dde-desktop
 4965 root      39  19  509316  52248  46604 S   0.3   1.5   0:02.88 dde-file-manage
 9988 pcp       20   0   37616  10320   6772 S   0.3   0.3   0:06.63 pmlogger
12084 root      20   0       0      0      0 I   0.3   0.0   0:00.16 kworker/2:1-events
    1 root      20   0  171396  13500   8808 S   0.0   0.4   0:50.28 systemd
    2 root      20   0       0      0      0 S   0.0   0.0   0:00.17 kthreadd
    3 root       0 -20       0      0      0 I   0.0   0.0   0:00.00 rcu_gp
    4 root       0 -20       0      0      0 I   0.0   0.0   0:00.00 rcu_par_gp
    6 root       0 -20       0      0      0 I   0.0   0.0   0:00.00 kworker/0:0H-events_highpri
    8 root       0 -20       0      0      0 I   0.0   0.0   0:00.00 mm_percpu_wq
    9 root      20   0       0      0      0 S   0.0   0.0   0:00.00 rcu_tasks_rude_
   10 root      20   0       0      0      0 S   0.0   0.0   0:00.00 rcu_tasks_trace
   11 root      20   0       0      0      0 S   0.0   0.0   0:05.45 ksoftirqd/0
   13 root      rt   0       0      0      0 S   0.0   0.0   0:00.64 migration/0
   14 root      20   0       0      0      0 S   0.0   0.0   0:00.00 cpuhp/0
```

在 top 命令的执行结果中，前 5 行是系统整体的统计信息，其代表的含义如下：

• 第 1 行：系统时间、运行时间、登录终端数、系统负载(3 个数值分别为 1 min、5 min、15 min 内的平均值，数值越小意味着负载越低)。

• 第 2 行：进程总数、运行中的进程数、睡眠中的进程数、停止的进程数、僵死的进程数。

• 第 3 行：用户占用资源百分比、系统内核占用资源百分比、改变过优先级的进程资源百分比、空闲的资源百分比等。

• 第 4 行：物理内存总量、内存使用量、内存空闲量、作为内核缓存的内存量。

• 第 5 行：虚拟内存总量、虚拟内存使用量、虚拟内存空闲量、已被提前加载的内存量。

从 top 命令执行结果的第 6 行开始是进程状态，与之前 ps 命令反馈结果的格式类似，这里不再重复介绍。它们的不同之处在于，top 命令的反馈结果会实时更新为当下的进程状态。

top 命令常用快捷键及其作用如表 7-9 所示。

表 7-9　top 命令常用快捷键及其作用

快捷键	作　用
h	查看帮助信息
q	退出 top 命令
k	终止进程
N	按照 PID 对进程排序
M	按内存使用量对进程排序
P	按照 CPU 使用率对进程排序
T	按照进程运行时间对进程排序

　　Linux 工程师常常会把 top 命令比作是"加强版的任务管理器",除了能看到常规的服务进程信息,还能够对处理器和内存的负载情况一目了然,实时感知系统全局的运行状态。

2. systemctl 命令

　　systemctl 是英文词组"system control"的缩写,该命令用于管理系统服务。其语法格式如下:

systemctl　参数　[动作] [服务名]

systemctl 命令常用动作及其含义如表 7-10 所示。

表 7-10　systemctl 常用动作及其含义

动　作	含　义
start	启动服务
stop	停止服务
restart	重启服务
enable	设置服务开机自启
disable	取消服务开机自启
status	查看服务状态
list	显示所有已启动服务

【例 7-8】列出活动的系统服务,命令如下:

[root@uniontech ~]# systemctl -t service

在终端界面输入以上命令,显示结果如下:

```
UNIT                               LOAD   ACTIVE SUB     DESCRIPTION
accounts-daemon.service            loaded active running Accounts Service
alsa-state.service                 loaded active running Manage Sound Card State (restor
atd.service                        loaded active running Deferred execution scheduler
avahi-daemon.service               loaded active running Avahi mDNS/DNS-SD Stack
chronyd.service                    loaded active running NTP client/server
crond.service                      loaded active running Command Scheduler
dbus.service                       loaded active running D-Bus System Message Bus
deepin-accounts-daemon.service     loaded active running Accounts Service
deepin-devicemanager-server.service loaded active running Deepin Device Manager Daemon
dracut-shutdown.service            loaded active exited  Restore /run/initramfs on shutd
firewalld.service                  loaded active running firewalld - dynamic firewall da
gssproxy.service                   loaded active running GSSAPI Proxy Daemon
hwclock-save.service               loaded active exited  Update RTC With System Clock
irqbalance.service                 loaded active running irqbalance daemon
iscsi.service                      loaded active exited  Login and scanning of iSCSI dev
iscsid.service                     loaded active running Open-iSCSI
kdump.service                      loaded active exited  Crash recovery kernel arming
kmod-static-nodes.service          loaded active exited  Create list of static device no
lines 1-19
```

【例 7-9】查看特定服务的状态，命令如下：

[root@uniontech ~]# systemctl status sshd　　　　　　　#查看 sshd 服务的状态

[root@uniontech ~]# systemctl status docker　　　　　　#查看 Docker 服务的状态

在终端界面输入以上命令，显示结果如下：

```
[root@uniontech ~]# systemctl status sshd
● sshd.service - OpenSSH server daemon
   Loaded: loaded (/usr/lib/systemd/system/sshd.service; enabled; vendor preset: enabled)
   Active: active (running) since Sun 2023-09-03 10:05:28 CST; 2 months 1 days ago
     Docs: man:sshd(8)
           man:sshd_config(5)
 Main PID: 1381 (sshd)
    Tasks: 1
   Memory: 2.0M
   CGroup: /system.slice/sshd.service
           └─1381 /usr/sbin/sshd -D -oCiphers=aes256-gcm@openssh.com,chacha20-poly1305@openssh.com,aes256-ctr,aes128-gcm@openssh.com,aes

9月 03 10:05:27 localhost.localdomain systemd[1]: Starting OpenSSH server daemon...
9月 03 10:05:28 localhost.localdomain sshd[1381]: /etc/ssh/sshd_config line 142: Deprecated option RSAAuthentication
9月 03 10:05:28 localhost.localdomain sshd[1381]: /etc/ssh/sshd_config line 144: Deprecated option RhostsRSAAuthentication
9月 03 10:05:28 localhost.localdomain sshd[1381]: Server listening on 0.0.0.0 port 22.
9月 03 10:05:28 localhost.localdomain sshd[1381]: Server listening on :: port 22.
9月 03 10:05:28 localhost.localdomain systemd[1]: Started OpenSSH server daemon.
[root@uniontech ~]# systemctl status docker
● docker.service - Docker Application Container Engine
   Loaded: loaded (/usr/lib/systemd/system/docker.service; enabled; vendor preset: disabled)
   Active: active (running) since Sun 2023-09-03 10:06:05 CST; 2 months 1 days ago
     Docs: https://docs.docker.com
 Main PID: 1497 (dockerd)
    Tasks: 22
   Memory: 163.0M
   CGroup: /system.slice/docker.service
           ├─1497 /usr/bin/dockerd --live-restore
           └─1960 containerd --config /var/run/docker/containerd/containerd.toml --log-level info

9月 03 10:05:54 localhost.localdomain dockerd[1497]: time="2023-09-03T10:05:54.711464781+08:00" level=warning msg="Failed to cleanup net
9月 03 10:05:57 localhost.localdomain dockerd[1497]: time="2023-09-03T10:05:57.519198548+08:00" level=info msg="Default bridge (docker0)
9月 03 10:05:57 localhost.localdomain dockerd[1497]: time="2023-09-03T10:05:57.573202922+08:00" level=info msg="Setup IP tables begin"
9月 03 10:06:00 localhost.localdomain dockerd[1497]: time="2023-09-03T10:06:00.969265650+08:00" level=info msg="Setup IP tables end"
9月 03 10:06:04 localhost.localdomain dockerd[1497]: time="2023-09-03T10:06:04.223478250+08:00" level=info msg="Loading containers: done
9月 03 10:06:05 localhost.localdomain dockerd[1497]: time="2023-09-03T10:06:05.483222984+08:00" level=warning msg="Not using native diff
9月 03 10:06:05 localhost.localdomain dockerd[1497]: time="2023-09-03T10:06:05.483763278+08:00" level=info msg="Docker daemon" commit=a7
9月 03 10:06:05 localhost.localdomain dockerd[1497]: time="2023-09-03T10:06:05.484803795+08:00" level=info msg="Daemon has completed ini
```

从 2020 年之后主流的 Linux 发行版的初始化进程服务 sysVinit 被替代成了 systemd 服务，systemd 初始化进程服务的管理是通过 systemctl 命令完成的，从功能上涵盖了初始化进程服务 sysVinit 中 service、chkconfig、init、setup 等多个命令的大部分功能。

第 8 章

Linux 网络管理

网络管理工具(NetworkManager)是一个动态网络的控制器与配置系统，用于当网络设备可用时根据用户的配置和偏好自动连接到最合适的网络。Linux 网络管理是指在 Linux 操作系统上对计算机系统进行配置、监控和维护的过程。它包括对网络接口、IP 地址、路由、DNS、防火墙等网络相关配置的管理，以及对网络流量和连接状态的监控和分析。通过对 Linux 网络管理的实施，保障网络的正常运行和安全性。

本章将介绍 Linux 系统下如何配置与维护网络。

8.1　Linux 网络基础知识

Linux 支持各种协议类型的网络，如 TCP/IP、NetBIOS/NetBEUI、IPX/SPX、AppleTake 等，在网络底层支持 Ethernet、Token Ring、ATM、PPP(PPPOE)、FDDI、Frame Relay 等网络协议。这些网络协议是 Linux 内核提供的，具体的支持情况由内核编译参数决定。

配置网络参数有两种方式，分别是临时性网络配置和永久性网络配置。

• 临时性网络配置：通过命令修改当前内核中的网络相关参数，配置后立即生效，重新开机后失效。

• 永久性网络配置：直接修改网络相关的配置文件，需要重启服务，重新开机后保留所有配置。

在 Linux 下配置网络，桥接和 NAT 两个模式的虚拟机的网络配置会有所不同。

• 桥接模式的虚拟机：在桥接模式下，使用 VMware 软件虚拟出来的操作系统就像是局域网中的一台独立主机，它可以访问网内任何一台机器。主机网卡和虚拟网卡的 IP 地址处于同一个网段，子网掩码、网关、DNS 等参数都相同。这种方式简单，直接将虚拟网卡桥接到一个物理网卡上面，和 Linux 下一个网卡绑定两个不同地址类似，实际上是将网卡设置为混杂模式，从而达到侦听多个 IP 的能力。在此种模式下，虚拟机内部的网卡(如 Linux下的 eth0)直接连到了物理网卡所在的网络上，可以想象为虚拟机和主机处于对等的地位，在网络关系上是平等的，没有谁在谁后面的问题。

　　· NAT 模式的虚拟机：可以实现在虚拟系统里访问互联网，让虚拟系统借助 NAT(网络地址转换)功能，通过宿主机器所在的网络来访问公网。也就是说，使用主计算机的 IP地址和端口，然后通过内部 Hyper-V 虚拟开关向虚拟机授予对网络资源的访问权限。NAT使用流量表将流量从一个外部(主机)IP 地址和端口号路由到与网络上的终结点(如虚拟机、计算机和容器等)关联的正确内部 IP 地址。NAT 有 3 种类型，分别为静态 NAT、动态 NAT以及 NAPT(Network Address Port Translation，网络地址端口转换)。

8.2　Linux 网络配置命令

　　在 Linux 中配置 IP 地址的方法主要有：图形界面配置 IP 地址、ifconfig 命令临时配置IP 地址、setup 工具永久配置 IP 地址和修改网络配置文件。

　　本节将介绍常用的网络配置命令，如 nmcli 和 nmtui。通过该命令配置的参数会直接写入网卡服务配置文件，并永久生效。

8.2.1　nmcli 命令(连接管理)

　　一个网络连接包含了一个连接的所有信息，也可以将它看作一个网络配置。"连接"包含了与其相关的所有信息，包括数据链路层和 IP 地址信息。它们是 OSI 参考模型(Open System Interconnection Reference Model，开放系统互连参考模型)中的第 2 层和第 3 层。

　　当在 Linux 上配置网络时，通常是在为某个网络设备(它们是安装在一台计算机中的网络接口)配置连接。当一个连接被某个设备所使用，那么就可以说这个连接被激活(active)或者上线(up)了，反之是停用(inactive)或下线(down)。

　　nmcli 命令是基于命令行配置网卡参数的。nmcli 命令赋予了我们直接在 Linux 命令行操作 NetworkManager 工具的能力，是 NetworkManager 软件包集成的一部分，通过使用一些应用程序接口(API)来获取 NetworkManager 的功能。

　　nmcli 于 2010 年发布，用以替代其他配置网络接口和连接的方法，如 ifconfig。因为它是一个命令行界面(CLI)工具，被设计用在终端窗口和脚本中。其语法格式如下：

　　nmcli [参数] [网卡名]

　　nmcli 命令常用参数及其作用如表 8-1 所示。

表 8-1　nmcli 命令常用参数及其作用

参数	用　法	作　用
help	nmcli help [COMMAND]	显示 nmcli 命令的帮助信息和方法
device	nmcli device [COMMAND]	用于更改与某个设备(接口)相关联的连接参数或使用一个已有的连接来连接设备
general	nmcli general [COMMAND]	返回 NetworkManager 的状态和总体配置信息
networking	nmcli networking [COMMAND]	提供命令来查询某个网络连接的状态和启动、禁用连接的功能
radio	nmcli radio [COMMAND]	提供命令来查询某个 WiFi 网络连接的状态和启动、禁用连接的功能
monitor	nmcli monitor [COMMAND]	提供命令来监控 NetworkManager 的活动并观察网络连接的状态变化
connection	nmcli connection [COMMAND]	提供命令来启动或禁用网络接口、添加新的连接、删除已有连接等功能
secret	nmcli secret [COMMAND]	注册 nmcli 来作为一个 NetworkManager 的秘密代理，用以监听秘密信息

【例 8-1】采用控制台方式配置网络，命令如下：

[root@uniontech ~]# nmcli connection show　　　　#查看网卡连接状态
[root@uniontech ~]# nmcli device status　　　　#查看网卡状态
[root@uniontech ~]# nmcli connection　　　　#查看连接状态

在终端界面输入以上命令，显示结果如下：

```
[root@uniontech ~]# nmcli connection show
NAME     UUID                                   TYPE       DEVICE
ens3     debdce05-f1a2-3556-9bdf-9915a166e9be   ethernet   ens3
ens7     d95ad25c-2e98-41be-a012-352438121d4c   ethernet   ens7
virbr0   2a093866-5f21-450a-8702-c96407cee772   bridge     virbr0
[root@uniontech ~]# nmcli device status
DEVICE       TYPE       STATE        CONNECTION
ens3         ethernet   已连接        ens3
ens7         ethernet   已连接        ens7
virbr0       bridge     连接（外部）   virbr0
ens8         ethernet   已断开        --
lo           loopback   未托管        --
virbr0-nic   tun        未托管        --
[root@uniontech ~]# nmcli connection
add      delete   edit     help     load     monitor   show
clone    down     export   import   modify   reload    up
[root@uniontech ~]# nmcli connection add 
```

[root@uniontech ~]# nmcli device show ens7　　　　#查看 ens7 网卡状态

在终端界面输入以上命令，显示结果如下：

```
[root@uniontech ~]# nmcli device show ens7
GENERAL.DEVICE:                         ens7
GENERAL.TYPE:                           ethernet
GENERAL.HWADDR:                         52:54:00:BC:18:83
GENERAL.MTU:                            1500
GENERAL.STATE:                          100（已连接）
GENERAL.CONNECTION:                     ens7
GENERAL.CON-PATH:                       /org/freedesktop/NetworkManager/ActiveConnection/6
WIRED-PROPERTIES.CARRIER:               开
IP4.ADDRESS[1]:                         192.168.100.7/24
IP4.GATEWAY:                            192.168.100.1
IP4.ROUTE[1]:                           dst = 192.168.100.0/24, nh = 0.0.0.0, mt = 101
IP4.ROUTE[2]:                           dst = 0.0.0.0/0, nh = 192.168.100.1, mt = 101
IP4.DNS[1]:                             192.168.100.1
IP6.ADDRESS[1]:                         fe80::8cc4:9faa:efb5:89be/64
IP6.GATEWAY:                            --
IP6.ROUTE[1]:                           dst = fe80::/64, nh = ::, mt = 101
IP6.ROUTE[2]:                           dst = ff00::/8, nh = ::, mt = 256, table=255
[root@uniontech ~]#
```

[root@uniontech ~]# nmcli con modify ens8 ipv4　　　　　#修改网卡 ens8 配置

在终端界面输入以上命令，显示结果如下：

```
[root@uniontech ~]# nmcli con modify ens8 ipv4.
ipv4.addresses          ipv4.dhcp-iaid          ipv4.dns-search         ipv4.never-default
ipv4.dad-timeout        ipv4.dhcp-send-hostname  ipv4.gateway            ipv4.route-metric
ipv4.dhcp-client-id     ipv4.dhcp-timeout       ipv4.ignore-auto-dns    ipv4.routes
ipv4.dhcp-fqdn          ipv4.dns                ipv4.ignore-auto-routes  ipv4.route-table
ipv4.dhcp-hostname      ipv4.dns-options        ipv4.may-fail           ipv4.routing-rules
ipv4.dhcp-hostname-flags ipv4.dns-priority      ipv4.method
[root@uniontech ~]# nmcli con modify ens8 ipv4.method manual ipv4.addresses 192.168.100.200/24 ipv4.gateway 1
92.168.100.1 ipv4.dns 192.168.100.1 connection.autoconnect yes
[root@uniontech ~]# nmcli connection show
NAME     UUID                                  TYPE      DEVICE
ens3     debdce05-f1a2-3556-9bdf-9915a166e9be  ethernet  ens3
ens7     d95ad25c-2e98-41be-a012-352438121d4c  ethernet  ens7
ens8     d7f9794f-b413-4b5a-9a7a-8f7c982c7c60  ethernet  ens8
virbr0   2a093866-5f21-450a-8702-c96407cee772  bridge    virbr0
[root@uniontech ~]#
```

需要注意的是，使用 nmcli 需要管理员权限，因此需要以 root 用户身份执行相关命令。同时，对于一些特定的操作可能需要在 NetworkManager 服务启动并正常运行时才能执行成功。

8.2.2　nmtui 命令(管理网卡配置参数)

nmtui 命令用于管理网卡配置参数。用户可以使用 nmtui 命令在终端下调出类图形界面，使用方向键和回车键即可进行控制，对于不会使用 nmcli 命令的新手管理员来讲十分友好。nmtui 提供了类似图形用户界面的方式来配置网络，它包括了 nmcli 的大部分功能。其语法格式如下：

nmtui

nmtui 命令常用选项及其作用如表 8-2 所示。

表 8-2　nmtui 命令常用选项及其作用

选　项	作　用
activate a connection	激活网卡
edit a connection	编辑网卡
quit	退出工具
set system hostname	设置主机名

【例 8-2】 使用 nmtui 命令配置网络参数。显示图形化配置界面，命令如下：

[root@linuxprobe network-scripts]# nmtui

nmtui 提供的 GUI 界面如图 8-1 所示，有"编辑连接""启动连接"和"设置主机名" 3 个选项。可以使用箭头键或按"Tab"键选择选项，使用"Shift + Tab"组合键返回，使用"Enter"键确定一个选项，使用"Space"键选择复选框状态。

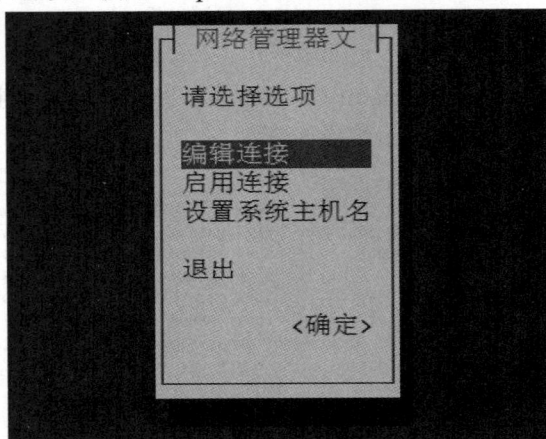

图 8-1　图形化配置界面

添加连接以及建立连接的过程如图 8-2 至图 8-5 所示。

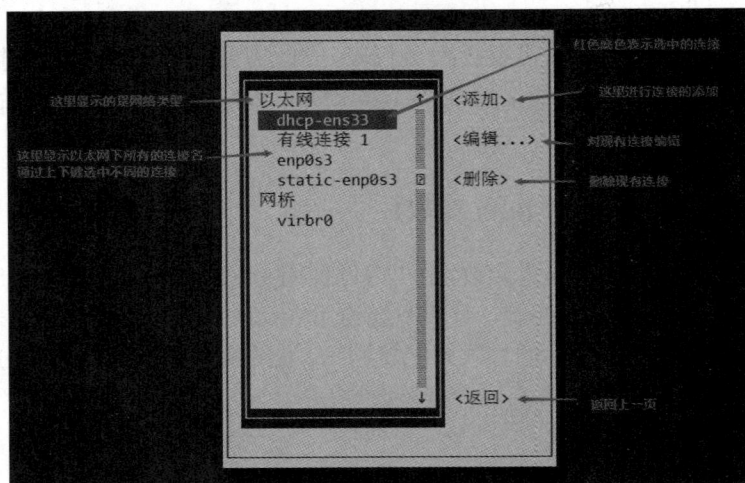

图 8-2　连接网络界面

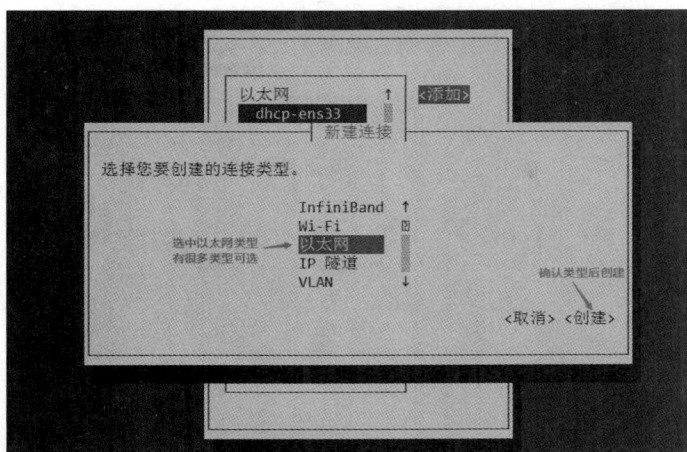

图 8-3　新建网络连接

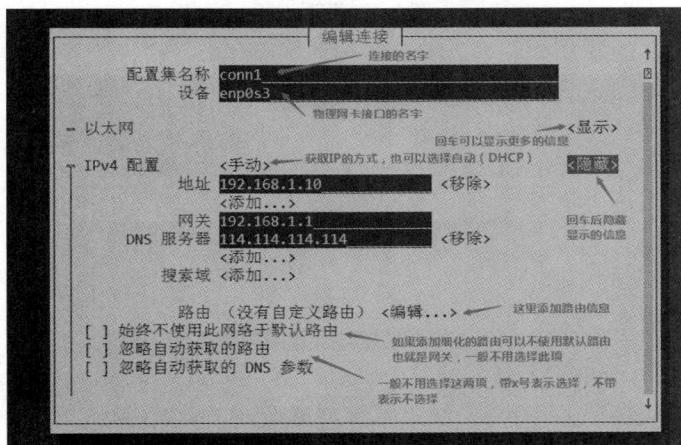

图 8-4　编辑连接

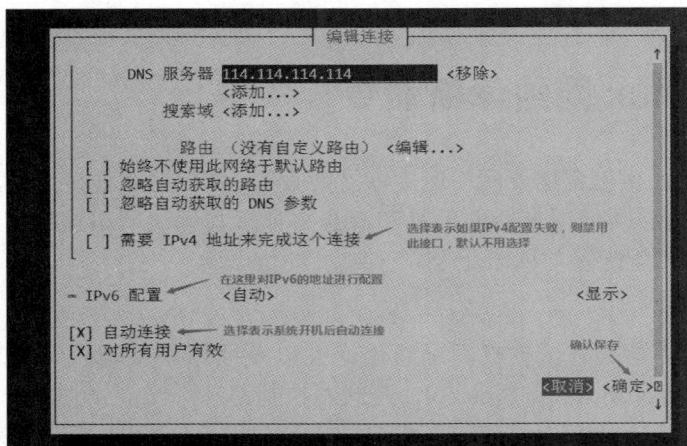

图 8-5　连接配置参数界面

启用连接(激活连接)的方法如图 8-6 所示。

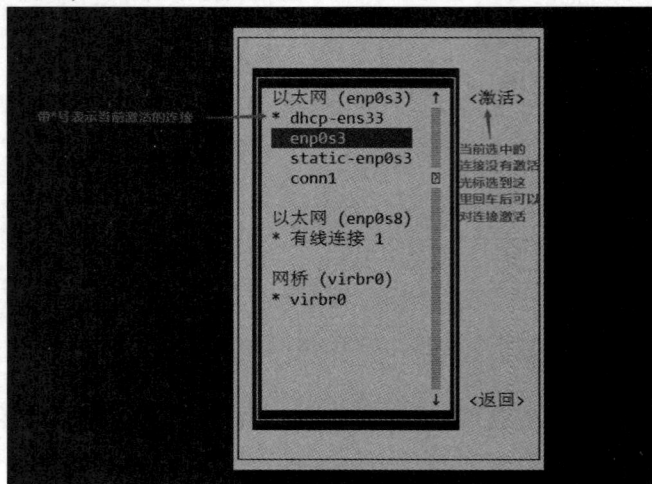

图 8-6　激活连接

设置系统主机名的操作如图 8-7 所示。

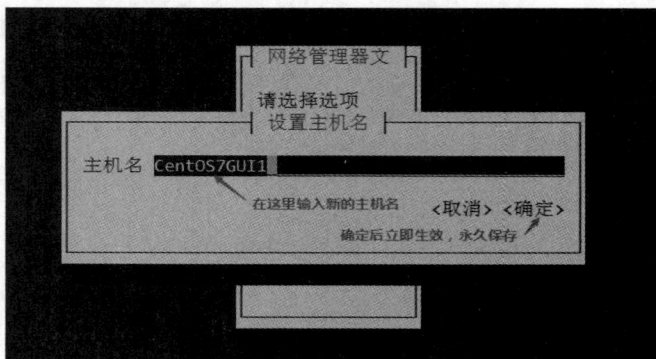

图 8-7　设置主机界面

nmtui 适用于那些更习惯使用鼠标和通过 GUI 界面进行网络管理的用户。

8.3　Linux 网络诊断命令

几乎所有 Linux 实例都需要网络连接以提供服务。如果网络连接失败，服务也会失败。因此，系统管理员必须使用合适的工具和命令来分析与解决网络连接问题。本节将介绍 Linux 常用的网络基础配置与诊断命令。

1. ping 命令

ping 命令的功能是测试主机间网络连通性以及网络连接速度，该命令发送出基于 ICMP(Internet Control Message Protocol，互联网控制消息协议)的数据包，要求对方主机予以回复，若对方主机的网络功能没有问题且防火墙放行流量，则会回复该信息，从而可得知对方主机系统在线并运行正常。Windows 系统下的 ping 命令会在发送 4 个请求后自动结束命令；而 Linux 系统的 ping 行为不会自动终止，需要用户在发起命令时加入-c 参数限定发送个数，或是手动按下"Ctrl+C"组合键才会结束。其语法格式如下：

ping [参数] 域名或 IP 地址

ping 命令常用参数及其作用如表 8-3 所示。

表 8-3　ping 命令常用参数及其作用

参　数	作　　用
-4	基于 IPv4 网络协议
-6	基于 IPv6 网络协议
-a	发送数据时发出鸣响声
-b	允许 ping 一个广播地址
-c	设置发送报文的次数
-d	使用接口的 SO_DEBUG 功能
-f	使用洪泛模式大量向目标发送数据包
-h	显示帮助信息
-i	设置收发信息的间隔时间
-I	使用指定的网络接口送出数据包
-n	仅输出数值
-p	设置填满数据包的范本样式
-q	静默执行模式
-R	记录路由过程信息
-s	设置数据包的大小
-t	设置存活数值 TTL 的大小
-v	显示执行过程的详细信息
-V	显示版本信息

【例 8-3】测试与指定网站服务器之间的网络连通性，命令如下：

[root@uniontech ~]# ping　　www.baidu.com

在终端界面输入以上命令，显示结果如下：

```
[root@uniontech ~]# ping www.baidu.com
PING www.a.shifen.com (110.242.68.4) 56(84) bytes of data.
64 bytes from 110.242.68.4 (110.242.68.4): icmp_seq=1 ttl=47 time=13.2 ms
64 bytes from 110.242.68.4 (110.242.68.4): icmp_seq=2 ttl=47 time=14.7 ms
64 bytes from 110.242.68.4 (110.242.68.4): icmp_seq=3 ttl=47 time=14.2 ms
64 bytes from 110.242.68.4 (110.242.68.4): icmp_seq=4 ttl=47 time=16.2 ms
64 bytes from 110.242.68.4 (110.242.68.4): icmp_seq=5 ttl=47 time=13.8 ms
64 bytes from 110.242.68.4 (110.242.68.4): icmp_seq=6 ttl=47 time=13.3 ms
64 bytes from 110.242.68.4 (110.242.68.4): icmp_seq=7 ttl=47 time=13.8 ms
64 bytes from 110.242.68.4 (110.242.68.4): icmp_seq=8 ttl=47 time=13.2 ms
64 bytes from 110.242.68.4 (110.242.68.4): icmp_seq=9 ttl=47 time=17.2 ms
^C
--- www.a.shifen.com ping statistics ---
9 packets transmitted, 9 received, 0% packet loss, time 8013ms
rtt min/avg/max/mdev = 13.164/14.416/17.211/1.339 ms
[root@uniontech ~]#
```

此时，需要手动按下"Ctrl＋C"组合键来结束 ping 进程。

2. ip 命令

ip 命令作为 Linux 系统中一款好用的网卡参数配置工具，除了常规操作，还可以对主机的路由、网络设备、策略路由以及隧道信息进行查看。

ip 命令旨在配合子命令工作，例如，ip link 表示管理和监控网络连接，ip addr 表示管理 IP 地址，ip route 表示管理路由表。可以使用 ip link show、ip addr show 或 ip route show 来查看目前的连接状态、地址配置和路由配置；也可以使用 ip addr add dev eth0 10.0.0.10/24 来临时分配一个 IP 地址到 eth0 网络接口。

ip 命令还提供了更高级的选项。例如，ip link set promisc on 表示临时设置网络接口为混杂模式，允许其捕捉所有网络上收到的数据包，即不止那些注明了属于自己媒体访问控制地址(MAC 地址)的数据包。ip 命令与其子命令适合用于排除网络连接问题，但在重启服务器后，之前的配置都会失效。其语法格式如下：

ip [动作参数]

ip 命令常用动作参数及其作用如表 8-4 所示。

表 8-4　ip 命令常用动作参数及其作用

动作参数	作　　用
Add	设置网络设备的 IP 地址
del	删除网络设备的 IP 地址
down	关闭指定的网络设备
up	启动指定的网络设备

【例 8-4】显示系统的网络设备信息，命令如下：

[root@uniontech ~]# ip a

在终端界面输入以上命令，显示结果如下：

```
[root@localhost ~]# ip a
1: lo: <LOOPBACK,UP,LOWER_UP> mtu 65536 qdisc noqueue state UNKNOWN group default qlen 1000
    link/loopback 00:00:00:00:00:00 brd 00:00:00:00:00:00
    inet 127.0.0.1/8 scope host lo
       valid_lft forever preferred_lft forever
    inet6 ::1/128 scope host
       valid_lft forever preferred_lft forever
2: ens33: <BROADCAST,MULTICAST,UP,LOWER_UP> mtu 1500 qdisc fq_codel state UP group default qlen 1000
    link/ether 00:0c:29:f7:41:db brd ff:ff:ff:ff:ff:ff
    inet 192.168.171.130/24 brd 192.168.171.255 scope global dynamic noprefixroute ens33
       valid_lft 1718sec preferred_lft 1718sec
    inet6 fe80::41d1:dad4:879:532a/64 scope link noprefixroute
       valid_lft forever preferred_lft forever
3: docker0: <NO-CARRIER,BROADCAST,MULTICAST,UP> mtu 1500 qdisc noqueue state DOWN group default
    link/ether 02:42:54:8c:fe:84 brd ff:ff:ff:ff:ff:ff
[root@localhost ~]#
```

第 9 章

Linux 磁盘管理

在 Linux 环境中，磁盘管理是一项核心任务，涵盖了从存储数据到备份和性能优化等许多关键方面。Linux 磁盘管理是指在 Linux 操作系统中对磁盘进行分区、格式化、挂载和管理等操作，以便更好地利用磁盘的存储空间和提高系统的性能。磁盘管理可以通过在终端使用一些命令来完成，也可以使用图形化界面来操作。常见的磁盘管理命令包括 fdisk、partprobe、mkfs、mount 等。通过磁盘管理，用户可以更好地管理磁盘空间，保证系统的稳定性和安全性。

本章将介绍 Linux 系统下如何管理磁盘。

9.1 磁盘操作基础

对磁盘进行管理和维护的常用操作包括磁盘清理、磁盘碎片整理、磁盘修复、磁盘备份、磁盘分区和格式化、磁盘加密等。在学习磁盘操作命令前，先来了解一下与磁盘相关的基础知识。

9.1.1 硬盘基础知识

硬盘主要分为两大类，即固态硬盘和机械硬盘。

固态硬盘包括主控和存储单元，它速度的快慢取决于固件和算法。

机械硬盘的工作原理是磁头沿盘片上方做"径向移动"(寻道)，找到数据所在的磁道，然后主轴的转动将磁道内数据读取出来。一次寻道可以理解为一个 I/O(输入/输出)操作，它包含寻址时间(Seek Time)、旋转延时(Rotational Delay)和传送时间(Transfer Time)，通俗地讲就是磁头移动到磁道的时间、磁头在磁道上等待主轴将数据起始点转到磁头的时间、数据从磁头读取出来的时间。

基于磁盘 I/O 的工作原理，产生了不同的磁盘规格，如主轴每分钟的转数(5400/7200/10 000/15 000)、接口(IDE、SATA、SCSI、SAS)等；同时，可供参考的还有磁盘参数(如平均寻址时间、盘片旋转速度、最大传送速度等)。

9.1.2　硬盘分区

1. 硬盘分区方式

硬盘分区主要分为 MBR(Master Boot Record，主引导记录)分区和 GPT(Globally Unique Identifier Partition Table，全局唯一标识分区表)分区两种方式。

1) MBR 分区

MBR 分区位于 0 柱面 0 磁头 1 扇区，只有 512 B，它包含了启动程序(BootLoader)的 446 B、分区表(Disk Partition Table，DPT)的 64 B、结束标志(Boot Record ID)的 2 B。虽然 MBR 分区最多只能支持 4 个主分区，但是可以通过创建扩展分区，并在扩展分区内创建无数个逻辑分区，来实现 MBR 分区超过 4 个分区的划分。

2) GPT 分区

GPT 分区使用 GUID(Globally Unique Identifier，全局唯一标识符)分区表，区别于 MBR 分区使用传统 BIOS 引导，它使用 UEFI 引导。相较于 MBR 分区，GPT 分区最大可支持 16 EB，不限制主分区个数。但 GPT 分区受限于硬件支持度，因此 MBR 分区目前还是主流分区方式，未来随着单盘容量的增大，GPT 分区将会成为主流。

2. 硬盘分区的原因

进行硬盘分区的原因主要有以下两点：

(1) 数据的安全性隔离。因为每个分区是独立分开的，所以当需要重新格式化或数据重新填充分区 A 时，分区 B 并不会受影响。

(2) 提高系统的效率。加快数据寻址的效率，当只有一块分区时，寻找数据文件 a 需要从头找到尾部，但是如果分区了，操作系统会记录文件的绝对路径，就可以直接从某个分区中寻找，大大提升了速度和效率。

3. 硬盘类型

Linux 系统中所有的硬件设备都是通过文件的方式来表现和使用的，将这些文件称为设备文件，硬盘对应的设备文件被称为块设备文件。在学习磁盘管理前，需要先学习磁盘设备在 Linux 系统中的表示方法以及如何创建磁盘分区。硬盘按接口类型通常分为 SATA 接口硬盘、IDE 接口硬盘、SCSI 接口硬盘、光纤通道硬盘和 SAS 接口硬盘 5 种。在 Linux 系统中，磁盘设备文件的命名与硬盘接口对应，其规则如下(基于 MBR 分区)：

主设备号 + 次设备号 + 磁盘分区号

在 Linux 中，硬盘是映射在/dev/目录下的。以常用的两种硬盘为例，IDE 接口硬盘为/dev/hdx~，SCSI 接口硬盘为/dev/sdx~。

(1) IDE 接口硬盘。hdx~中的 hd 表示设备类型，这里指 IDE 硬盘；x 为盘号，值可以为 a(基本盘)、b(基本从属盘)、c(辅助主盘)、d(辅助从属盘)；~代表分区，前 4 个分区用 1～4 表示，它们是主分区或者扩展分区，从 5 开始就是逻辑分区。例如，第 1 块盘为 hda，第 2 块盘为 hdb 等；第 1 块盘的第 1 个分区为 hda1，第 2 个分区为 hda2 等。

(2) SCSI 接口硬盘。sdx~中的 sd 表示设备类型，这里指 SCSI 硬盘；x 为盘号，值可以为 a(基本盘)、b(基本从属盘)、c(辅助主盘)、d(辅助从属盘)；~代表分区，前 4 个分区用 1～4 表示，它们是主分区或者扩展分区，从 5 开始就是逻辑分区。例如，第 1 块盘为 sda，第 2 块盘为 sdb 等；第 1 块盘的第 1 个分区为 sda1，第 2 个分区为 sda2 等。

9.1.3　交换分区

Linux 的交换分区(Swap)也叫内存置换空间(Swap Space)，是磁盘上的一块区域，可以是一个分区，也可以是一个文件，或者是它们的组合。

交换分区的作用是当系统物理内存紧张时，Linux 会将内存中不常访问的数据保存到 Swap 中，这样系统就有更多的物理内存为各个进程服务，而当系统需要访问 Swap 中存储的内容时，再将 Swap 中的数据加载到内存中，也就是常说的 Swap Out 和 Swap In。

使用 Swap 必须要知道它存在的缺点，便于判断什么时候适合使用交换分区。使用交换分区的好处是可以在一定程度上缓解内存空间紧张的问题。但是，由于 CPU 所读取的数据都来自内存，而交换分区是存放在磁盘上的，磁盘的速度和内存比较起来慢了好几个数量级，如果不停地读写 Swap，那么对系统的性能肯定会有影响，尤其是当系统内存很紧张的时候，读写 Swap 空间发生的频率会很高，将会导致系统运行很慢。

交换分区大小的设置建议值如下：

- 当内存小于 4 GB 时，推荐不少于 2 GB 的 Swap 空间。
- 当内存为 4～16 GB 时，推荐不少于 4 GB 的 Swap 空间。
- 当内存为 16～64 GB 时，推荐不少于 8 GB 的 Swap 空间。
- 当内存为 64～256 GB 时，推荐不少于 16 GB 的 Swap 空间。

9.1.4　磁盘阵列

RAID(Redundant Array of Independent Disks，独立冗余磁盘阵列，简称磁盘阵列)是将多块独立的物理硬盘按不同的方式组合起来所形成的一个硬盘组(逻辑硬盘)，从而提供比单个硬盘更高的存储性能和数据备份技术。组成磁盘阵列的不同方式称为 RAID 级别，常用的 RAID 级别有 RAID 0、RAID 1、RAID 5、RAID 6、RAID 1+0 等。

由于 Linux 主要面向的对象为服务器，而 RAID 拥有提升数据安全性、提升数据读写性能、提供更大的单一逻辑磁盘数据容量存储等诸多优点，所以在磁盘应用中，需要了解以下几种常用的 RAID。

(1) RAID 0。RAID 0 是一种简单、无数据校验的数据条带化技术，其工作原理如图 9-1 所示。

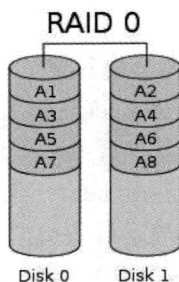

图 9-1　RAID 0 工作原理

RAID 0 的工作特点如下：

· 具有低成本、高读写性能、 100% 的高存储空间利用率等优点。

· 不提供数据冗余保护，一旦数据损坏，将无法恢复。

RAID 0 的主要应用在以下几个方面：

· 负载均衡集群下的多个相同的 RS 节点服务器。

· 分布式文件存储下的主节点或 CHUNK SERVER。

· MySQL 主从复制的多个 Slave 服务器。

RAID 0 一般适用于对性能要求严格，但对数据安全性和可靠性要求不高的情况，如视频存储、音频存储、临时数据缓存空间等。

(2) RAID 1。RAID 1 称为镜像，它将数据完全一致地分别写到工作磁盘和镜像磁盘，它的磁盘空间利用率为 50%，其工作原理如图 9-2 所示。

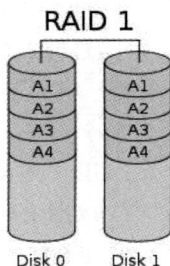

图 9-2　RAID 1 工作原理

RAID 1 拥有完全容错的能力，但实现成本高。它主要应用于对顺序读写性能要求低，但对数据保护极为重视的情况，如对邮件系统的数据保护等。

(3) RAID 5。RAID 5 在不同磁盘上的同级数据块同样使用 XOR 校验，校验数据分布在阵列中的所有磁盘上，而没有采用专门的校验磁盘。RAID 5 的工作原理如图 9-3 所示。

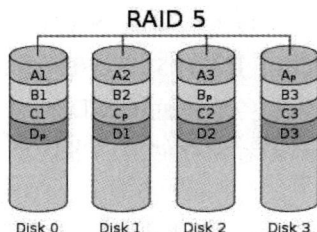

图 9-3　RAID 5 工作原理

RAID 5 的特点是可兼顾存储性能、数据安全和存储成本等各方面因素，它是目前综合性能最佳的数据保护解决方案，可以满足大部分的存储应用需求，数据中心大多采用它作为应用数据的保护方案。

(4) RAID 10。RAID 10 具有高可靠性与高效磁盘结构，它是一个带区结构加一个镜像结构，RAID10 的工作原理如图 9-4 所示。

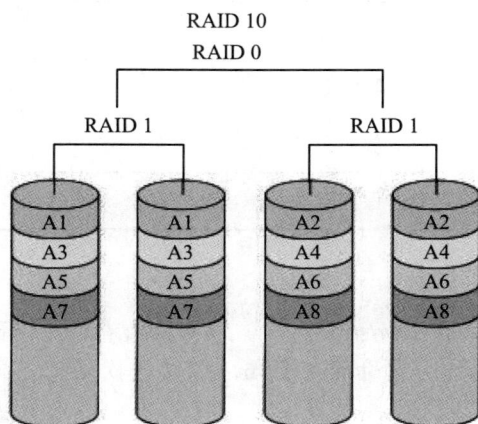

图 9-4　RAID10 工作原理

RAID 10 的特点是可提供 100%的数据冗余，并且提供最好的性能，但磁盘利用率不高，同容量实现的成本高。它适用于数据库存储服务器等需要高性能、高容错，但对容量要求不大的环境。

9.2　硬盘分区命令

与硬盘分区相关的命令主要有 fdisk、partprobe、mkfs 和 mount 等。

1. fdisk 命令

fdisk 命令的功能是管理磁盘的分区信息，可以用来对磁盘进行分区操作。用户可以根据实际情况对磁盘进行合理划分，便于后期挂载和使用。

fdisk 命令的语法格式 1 如下：

fdisk -l /dev/sda　　　　　　　#查看分区表

fdisk 命令的语法格式 2 如下：

fdisk　硬盘设备　　　　　　　#修改硬盘的分区表

fdisk 命令常用参数及其作用如表 9-1 所示。

表 9-1   fdisk 命令常用参数及其作用

参　数	作　　　用
m	列出指令帮助
p	查看现有的分区表
n	新建分区
d	删除分区
q	放弃更改并退出
w	保存更改并退出

【例 9-1】新建分区。

[root@uniontech ~]# fdisk /dev/sdb   #查看待分区磁盘容量

根据磁盘容量输入新建分区命令参数 n，能够依次新建不同容量的分区，执行过程如下：

(1) 当出现"命令(输入 m 获取帮助)"的提示时，输入 n 新建分区 1：

```
分区类型
    p    主分区  (0 primary, 0 extended, 4 free)
    e    扩展分区  (逻辑分区容器)
选择  (默认 p): p
分区号 (1-4, 默认  1): 1
第一个扇区 (2048-20971519, 默认 2048):        //默认直接回车
最后一个扇区，+/-sectors 或 +size{K,M,G,T,P} (2048-20971519,  默认  20971519): +1G
```

执行以上命令创建了一个新分区 1，类型为 Linux，大小为 1 GB。

(2) 当出现"命令(输入 m 获取帮助)"的提示时，输入 n 新建分区 2：

```
分区类型
    p    主分区  (1 primary, 0 extended, 3 free)
    e    扩展分区  (逻辑分区容器)
选择  (默认 p):        //默认直接回车

将使用默认回应 p。
分区号 (2-4, 默认  2):    //默认直接回车
第一个扇区 (2099200-20971519, 默认  2099200):        //默认直接回车
最后一个扇区，+/-sectors 或 +size{K,M,G,T,P} (2099200-20971519,  默认  20971519): +2G
```

执行以上命令创建了一个新分区 2，类型为 Linux，大小为 2 GB。

(3) 当出现"命令(输入 m 获取帮助)"的提示时，输入 n 新建分区 3：

```
分区类型
   p    主分区  (2 primary, 0 extended, 2 free)
   e    扩展分区 (逻辑分区容器)
选择 (默认 p):          //默认直接回车

将使用默认回应 p。
分区号 (3,4, 默认  3):        //默认直接回车
第一个扇区 (6293504-20971519, 默认  6293504):
最后一个扇区,+/-sectors 或  +size{K,M,G,T,P} (6293504-20971519, 默认  20971519): +2G
```

执行以上命令创建了一个新分区 3，类型为 Linux，大小为 2 GB。

(4) 当出现"命令(输入 m 获取帮助)"的提示时，输入 p 查看现有分区：

```
Disk /dev/sdb: 10 GiB，10737418240 字节，20971520 个扇区
磁盘型号：VMware Virtual S
单元：扇区 / 1 * 512 = 512 字节
扇区大小(逻辑/物理)：512 字节 / 512 字节
I/O 大小(最小/最佳)：512 字节 / 512 字节
磁盘标签类型：dos
磁盘标识符：0x40d5e69a
```

设备启动	起点	末尾	扇区	大小	Id	类型
/dev/sdb1	2048	2099199	2097152	1G	83	Linux
/dev/sdb2	2099200	6293503	4194304	2G	83	Linux
/dev/sdb3	6293504	10487807	4194304	2G	83	Linux

2. partprobe 命令

partprobe 是英文词组"partition probe"的缩写，该命令用于重读分区表信息。partprobe 命令将磁盘分区表变化信息通知给系统内核，请求操作系统重新加载分区表，有时创建或删除分区设备后，系统并不会立即生效，这时就需要使用 partprobe 命令在不重启的情况下重新读取分区表信息，使得新设备信息被同步。其语法格式如下：

partprobe [参数] [设备名]

partprobe 命令常用参数及其作用如表 9-2 所示。

表 9-2　　partprobe 命令常用参数及其作用

参　数	作　用
d	不更新内核
h	显示帮助信息
l	显示分区信息
s	显示摘要和分区信息
t	设置分区类型
v	显示版本信息

【例 9-2】重读系统中全部设备的分区表信息，命令如下：

[root@linuxcool ~]# partprobe

【例 9-3】重读系统中指定设备的分区表信息，命令如下：

[root@linuxcool ~]# partprobe /dev/sda

3. mkfs 命令

mkfs 命令用于在特定的分区(通常是硬盘分区)上建立 Linux 文件系统，如 ext2、ext3、ext4、ms-dos、vfat 和 xfs 等文件系统，默认情况下会创建 ext2。文件要么是设备名称(如 /dev/vda1、/dev/vdb1)，要么是包含文件系统的常规文件。若创建成功，则返回 0；若创建失败，则返回 1。其语法格式如下：

mkfs [-V] [-t fstype] [fs-options]<device> [blocks]

mkfs 命令常用参数及其作用如表 9-3 所示。

表 9-3　　mkfs 命令常用参数及其作用

参　数	作　用
l	显示分区信息
c	显示摘要和分区信息
t	设置分区类型
v	显示版本信息

【例 9-4】在 /dev/hda5 上建一个名为 msdos 的档案系统，同时检查是否有坏轨存在，并且将过程详细列出来，命令如下：

mkfs -V -t msdos -c /dev/hda5

【例 9-5】将 sda6 分区格式化为 ext3 格式，命令如下：

mkfs -t ext3 /dev/sda6

4. mount 命令

mount 命令用于挂载 Linux 系统外的文件。这个命令允许用户将额外的子文件系统挂载到当前可访问文件系统的特定挂载点。mount 命令将挂载指令传递给内核，由内核完成操作，它允许访问和管理各种不同的文件系统与设备，包括硬盘驱动器、USB 设备、网络文件系统(NFS)等。其语法格式如下：

mount -t [type] [device] [dir]

上述命令格式是告诉内核将在 device 上找到的文件系统挂载到 dir 目录。mount 命令常用参数及其作用如表 9-4 所示。

表 9-4　mount 命令常用参数及其作用

参　数	作　用
-a	挂载/etc/fstab 中列出的所有文件系统
-t [type]	指定文件系统类型
-o[options]	指定挂载选项
-r	以只读模式挂载文件系统
-v	详细模式，描述每个操作

【例 9-6】挂载一个设备，命令如下：

[linux@bashcommandnotfound.cn ~]$ sudo mount /dev/sdb1 /mnt

【例 9-7】以只读模式挂载一个设备，命令如下：

[linux@bashcommandnotfound.cn ~]$ sudo mount -o ro /dev/sdb1 /mnt

【例 9-8】挂载一个 ISO 文件，命令如下：

[linux@bashcommandnotfound.cn ~]$ sudo mount -o loop /tmp/image.iso /mnt/cdrom

【例 9-9】挂载 U 盘。将/dev/sdb1 挂载到/mnt/usb 目录上，命令如下：

[linux@bashcommandnotfound.cn ~]$ sudo mount /dev/sdb1 /mnt/usb

【例 9-10】卸载文件系统。卸载/mnt/usb 目录，命令如下：

[linux@bashcommandnotfound.cn ~]$ sudo umount /mnt/usb

9.3　逻辑卷管理

LVM(Logical Volume Manager，逻辑卷管理)是 Linux 内核提供的一种逻辑卷管理器，由内核驱动和应用层工具组成，它是在硬盘分区的基础上创建一个逻辑层，可以非常灵活且方便地管理存储设备。

LVM 利用 Linux 内核从逻辑设备到物理设备的映射框架机制(Device Mapper)功能来实现存储系统的虚拟化(系统分区独立于底层硬件)。通过 LVM 可以实现存储空间的抽象化并在上面建立虚拟分区，从而更简便地扩大和缩小分区，在增、删分区时无须担心某个硬盘上没有足够的连续空间，避免了为正在使用的磁盘重新分区的麻烦以及为调整分区而不得不移动其他分区的不便，它相比传统的分区系统可以更灵活地管理磁盘。

9.3.1　LVM 工作原理

先了解以下 5 个基本的逻辑卷(Logical Volume，LV)概念：

• 物理卷(Physical Volume，PV)：指磁盘分区或从逻辑上与磁盘分区具有同样功能的设备(如 RAID)，是 LVM 的基本存储逻辑块，但和基本的物理存储介质(如分区、磁盘等)比较，却包含有与 LVM 相关的管理参数。创建物理卷可以用硬盘分区，也可以用硬盘本身。

• 卷组(Volume Group，VG)：类似于非 LVM 系统中的物理磁盘，由一个或多个物理卷组成。可以在卷组上创建一个或多个 LV。

• 逻辑卷(Logical Volume，LV)：类似于非 LVM 系统中的磁盘分区，建立在 VG 之上。在逻辑卷之上可以建立文件系统(如/home 或/usr 等)。

• 物理块(Physical Extent，PE)：每一个物理卷被划分为一个一个 PE，具有唯一编号的 PE 是可以被 LVM 寻址的最小单元。PE 的大小可配置，默认为 4 MB。所有物理卷由大小等同的基本单元 PE 组成。

• 逻辑块(Logical Extent，LE)：逻辑卷中可以分配的最小存储单元，在同一卷组中 LE 的大小和 PE 是相同的，并且一一对应。

LVM 的工作原理如图 9-5 所示。

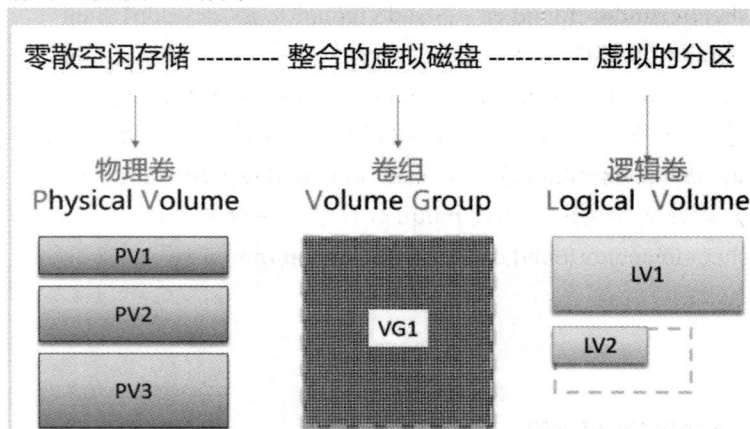

图 9-5　LVM 的工作原理

LVM 的工作原理总结如下：

(1) 物理磁盘被格式化为 PV，空间被划分为一个一个 PE。

(2) 不同的 PV 加入到一个 VG 中，不同 PV 的 PE 全部进入到 VG 的 PE 池内。

(3) LV 基于 PE 创建，其大小为 PE 的整数倍，组成 LV 的 PE 来自不同的物理磁盘。

(4) LV 可以直接格式化后挂载使用。

(5) LV 的扩充缩减，实际上就是增加或减少组成该 LV 的 PE 数量，其过程不会丢失原始数据。

9.3.2　LVM 管理工具集

常用的 LVM 管理工具如表 9-5 所示。

表 9-5　常用的 LVM 管理工具

功　能	物理卷管理	卷组管理	逻辑卷管理
scan(扫描)	pvscan	vgscan	lvscan
create(创建)	pvcreate	vgcreate	lvcreate
display(显示)	pvdisplay	vgdisplay	lvdisplay
remove(删除)	pvremove	vgremove	lvremove
extend(扩展)		vgextend	lvextend
reduce(减少)		vgreduce	lvreduce

下面介绍使用 LVM 工具来实现管理功能。

1．LVM 快速部署及使用

LVM 快速部署基本思路如下：

(1) 准备至少一个空闲分区(/dev/sdb1)。

(2) 创建卷组使用的工具及其格式如下：

vgcreate　卷组名　空闲分区

(3) 创建逻辑卷使用的工具及其格式如下：

lvcreate -L　大小　-n 名称　卷组名

创建逻辑卷后，使用 lvscan 扫描工具查看新建的逻辑卷信息，命令如下：

```
[root@uniontech ~]# vgcreate   systemvg   /dev/sdb1

.. ..

[root@uniontech ~]# lvcreate   -L 900M   -n  vo   systemvg

   Logical volume "vo" created

[root@uniontech ~]#   lvscan

   ACTIVE              '/dev/systemvg/vo' [900.00 MiB] inherit
```

(4) 挂载。使用 mkdir 命令新建目录 vo，然后使用 vim 命令查看其信息，再用命令 mount -a 自动挂载所有支持的设备，命令如下：

```
[root@uniontech ~]# mkdir /mnt/vo

[root@uniontech ~]# vim /etc/fstab

/dev/systemvg/vo/mnt/vo ext4defaults 0    0

[root@uniontech ~]# mount -a


[root@uniontech ~]# df -hT | tail -1

/dev/mapper/systemvg-vo  ext4      870M  2.3M  807M    1% /mnt/vo
```

2. 扩展卷组

要实现扩展卷组，首先需要调整现有磁盘分区，在检查确认现有逻辑卷后，就可以执行扩展卷组。其具体步骤如下：

(1) 调整现有磁盘分区，应用需求如下：

- 调整硬盘/dev/sdb 剩余空间的分区。
- MBR 分区模式，已有 3 个主分区/dev/sdb[1-3]。
- 需要新增 3 个分区/dev/sdb[5-7]，分区大小依次为 1 GB、2 GB、512 MB。

通过以上分析可知，新增后的分区数量是 6，超过了最多的磁盘主分区数量 4，因此需要建扩展分区，并将所有的剩余空间分配给新建的扩展分区，从扩展分区中再新建 3 个逻辑分区，在保存更改后，使用 reboot 命令刷新分区表。其具体过程如下：

```
[root@uniontech ~]# fdisk /dev/sdb                          //磁盘分区命令
命令(输入 m 获取帮助): n                                      //n 参数创建新的分区
分区类型
p   主分区(3 primary, 0 extended, 1 free)
e   扩展分区(逻辑分区容器)
选择(默认 e):                                                //划分扩展分区
将使用默认回应 e。
已选择分区 4
第一个扇区(10487808-20971519, 默认 10487808):                //选择默认，直接按回车键
最后一个扇区，+/-sectors 或 +size{K,M,G,T,P} (10487808-20971519, 默认 20971519):   //选择默认，
直接按回车键
```

创建了一个新分区 4，类型为 Extended，大小为 5 GB。继续运行分区命令：

```
命令(输入 m 获取帮助): n
所有主分区都在使用中。
添加逻辑分区 5
第一个扇区(10489856-20971519, 默认 10489856):                //选择默认，直接按回车键
```

最后一个扇区，+/-sectors 或+size{K,M,G,T,P} (10489856-20971519，默认 20971519): +1 G

创建了一个新分区 5，类型为 Linux，大小为 1 GB。继续运行分区命令，添加逻辑分区 6：

命令(输入 m 获取帮助)：n

第一个扇区(12589056-20971519，默认 12589056)：　　　　//选择默认，直接按回车键

最后一个扇区，+/-sectors 或 +size{K,M,G,T,P} (12589056-20971519，默认 20971519): +2 G

创建了一个新分区 6，类型为 Linux，大小为 2 GB。继续运行分区命令，添加逻辑分区 7：

命令(输入 m 获取帮助)：n

第一个扇区(16785408-20971519，默认 16785408)：　　　　//选择默认，直接按回车键

最后一个扇区，+/-sectors 或+size{K,M,G,T,P} (16785408-20971519，默认 20971519): +512 M

创建了一个新分区 7，类型为 Linux，大小为 512 MB。继续运行命令 w 保存上述分区修改：

命令(输入 m 获取帮助)：w

通过 Linux 下的 lsblk 命令查看磁盘与分区信息：

```
[root@uniontech ~]# lsblk
sdb 8:16 0 10G 0 disk
├─sdb1 8:17 0 1G 0 part
├─sdb2 8:18 0 2G 0 part
├─sdb3 8:19 0 2G 0 part
├─sdb4 8:20 0 1K 0 part
├─sdb5 8:21 0 1G 0 part
├─sdb6 8:22 0 2G 0 part
└─sdb7 8:23 0 512M 0 part
```

(2) 检查现有逻辑卷大小，过程如下：

• 使用 lvscan 命令，查看逻辑卷的大小、卷组名，命令如下：

```
[root@uniontech ~]# lvscan | grep vo
ACTIVE                '/dev/systemvg/vo' [900.00 MiB] inherit
```

• 检查所在卷组的剩余空间，看是否满足扩展的需要，命令如下：

```
[root@uniontech ~]# vgdisplay systemvg | grep Free
Free PE / Size        30 / 120.00 MiB
```

(3) 扩展卷组。当卷组的剩余空间不足时，需要先扩展卷组，否则扩展逻辑卷时会报错"Insufficient free space"。扩展卷组的命令为 vgextend。

将新的磁盘分区/dev/sdb5 添加到名为 systemvg 的卷组中，命令如下：

```
[root@uniontech ~]# vgextend systemvg /dev/sdb5
Physical volume "/dev/sdb5" successfully created
Volume group "systemvg" successfully extended
```

通过 vgdisplay 命令查看系统中卷组的可用空间，命令如下：

```
[root@uniontech ~]# vgdisplay systemvg | grep 'Free'
Free PE / Size          285 / 1.11 GiB
```

3. 扩展逻辑卷

当卷组的剩余空间充足时，可直接扩展逻辑卷。扩展逻辑卷的命令格式如下：

```
lvextend -L +新大小  /dev/卷组名/逻辑卷名              #增加多少空间，如 -L +15 G
lvextend -l +100%free /dev/卷组名/逻辑卷名             #增加 VG 的全部可用空间
```

将逻辑卷/dev/systemvg/vo 扩展 800 MB，然后使用 lvscan 命令扫描系统中的所有逻辑卷及其对应的设备文件，命令如下：

```
[root@uniontech ~]# lvextend -L +800M /dev/systemvg/vo
[root@uniontech ~]# lvscan
```

使用 lvextend 命令增加/dev/systemvg/vo 逻辑卷的大小，命令如下：

```
[root@uniontech ~]# lvextend -l +100%free     /dev/systemvg/vo
```

上述命令中，-l 选项后面是逻辑卷的大小，+100%free 表示空闲空间的 100%。

参 考 文 献

[1]　理查德·布卢姆，克里斯蒂娜·布雷斯纳汉. Linux 命令行与 shell 脚本编程大全[M]. 4 版. 门佳，译. 北京：人民邮电出版社，2022.

[2]　威廉·肖特斯. Linux 命令行大全[M]. 2 版. 门佳，李伟，译. 北京：人民邮电出版社，2021.

[3]　统信软件技术有限公司. 统信 UOS 系统管理教程[M]. 北京：人民邮电出版社，2022.

[4]　黄君羡，刘伟聪，黄道金. 信创服务器操作系统的配置与管理(统信 UOS 版)[M]. 北京：电子工业出版社，2022.

[5]　鸟哥. 鸟哥的 Linux 私房菜：基础学习篇[M]. 4 版. 北京：人民邮电出版社，2018.

[6]　刘遄. Linux 就该这么学[M]. 2 版. 北京：人民邮电出版社，2021.

[7]　老男孩. 跟老男孩学 Linux 运维：核心基础篇(上)[M]. 2 版. 北京：机械工业出版社，2019.

[8]　凌敏，马蕾，王湘渝，等. Linux 操作系统(双色版)[M]. 哈尔滨：东北林业大学出版社，2019.

[9]　朱文伟，李建英. 高性能 Linux 网络编程核心技术揭秘[M]. 北京：清华大学出版社，2023.

[10]　BARRETT D J. Linux 命令速查手册[M]. 3 版. 韩波，译. 北京：中国电力出版社，2018.